日本農業再生論

「自然栽培」革命で日本は世界一になる!

木村秋則 Akinori Kimura
高野誠鮮 Josen Takano

講談社

まえがき

高野さんとは出会ってからそれほど長くはないのですが、もう数十年と思えるほど古いおつき合いのように感じます。すべての収穫を終え、冬間近のりんご畑の後片付けしていた最中の、高野さんとの出会いは今でも鮮明な記憶となって残っています。

高野さんは石川県の羽咋《はくい》から青森県の弘前まで、十数時間一人で車を走らせてきたにもかかわらず、澄んだ満面の笑顔でした。日が暮れるまで栽培の話や川や海の汚れなどを話し合い、高野さんは話が終わると、なんとそのまま羽咋へ帰ったのです。ですので、家族の忠告（というより危ないから大反対）を聞かず、今度は私が車で羽咋まで走ったわけです。羽咋では、市やＪＡはくいの大きな協力を得ながら自然栽培実践塾を開催させていただいています。途中、道に迷い、着くのに16時間要してしまいました。とっくに日は沈み、真っ暗闇の中に心配して待っていた高野さんの笑顔が車のライトに照らされて見えた時、安心感なのか、どっと疲れが出た思い出があります。

自分の利益やプラスなど全く考えず、地域の発展、活性化に取り組んでいる高野さんには時間や距離など関係ないのです。高野さんがいつも新しい情報を得る様子を見て、彼は絶えず水が流れている川のようだと思っています。そして〝これで良い〟と言わない、決して満足しない、それこそが高野さんの生き方です。

出会ってしばらくの間、私は高野さんが住職さんだということを知りませんでした。出会った当時は羽咋市役所に勤務する地方公務員、土日には檀家に対応する住職の、二つの顔を持っていました。何度も会う中で、「仏の道」の言葉が時々出ていたので、高野さんは学生時代に「仏の世界」を探究したのかな～と思っていましたが、住職とは思いもしませんでした。しかし、このことが私の提唱する自然栽培の中身を深く理解するのにつながった次第です。

そして高野さんとの話はどんどん進展し、ヨーロッパとアジアの両文化の融合と続き、日本から世界に農業ルネサンスを発信して、歯止めのかからない温暖化とその影響と言われる巨大化する自然災害など、破壊の進む自然環境の修復に走ろうと壮大な目標に行動を向けたわけです。

ヨーロッパで始まったルネサンスは、芸術、学問、産業革命が次々と起き、現在の基礎になったことは言うまでもありません。では、日本はどうだったか。徳川時代（江戸時代）に鎖国政策がとられ、世界から孤立した中で、日本では独自の文化を発展させ、その一部が長崎の出島を通じて発信され、海外で素晴らしい評価を得たばかりでなく、逆にヨーロッパがそれを引用・利用するほどだったそうです。

こうした私たち2人の会話がやがて、羽咋で収穫された自然栽培米を、ローマ法王にお届けすることに発展しました。

ガリレオ・ガリレイは、「地球の周りを太陽が回っている」が正しい常識とされていた時代に、全く逆の「地球が太陽の周りを回っている」と主張したので、世間から大きな批判を受け、ついには裁判にかけられました。しかし、その時も〝私は正しい。間違っていない〟と主張したそうです。私と高野さんが取り組む自然栽培も何か似ている感じがします。ガリレオの提唱した地動説が正しいと評価されたのは100年以上も過ぎてからです。正しいことを話しても、世間、社会から受ける誤解も多い。しかし、数年後、数十年後、必ずや理解され、世界各地で取り組まれていると思います。そして地球環境も少しずつ修復改善が進み、温暖化も弱まり、安定した状態になると期待しています。

高野さんには、これからも「仏の道」に添い、突き進んでほしい。

木村秋則

日本農業再生論

「自然栽培」革命で日本は世界一になる！

目次

第4章 大バカ者こそ世の中を変えられる

第5章 自然栽培の国策化で農業輸出大国になる!

日本農業再生論　「自然栽培」革命で日本は世界一になる！

構成　出羽迪世
写真　言美歩
装丁　岡孝治

第1章

東京オリンピックに自然栽培の食材を！

1. 外国人は食べない日本の野菜

木村

東京オリンピック・パラリンピックの選手村に、世界一安全な自然栽培の食材が提供できるように働きかけます！

平成27（２０１５）年7月、イタリアのミラノでスローフード協会が主催した農業関係者の集いに招待されました。

世界80ヵ国から参加した６０００人もの若い農業関係者が一堂に集まり、そこで私は、「21世紀は農業ルネサンスの時代だ」というテーマで、肥料、農薬、除草剤を使わない自然栽培で作ったリンゴの話を中心に、安心、安全な農業を復活（ルネサンス）させようというスピーチをしました。

すると講演後に、一人の若者がつつっと寄ってきたのです。

立派なあごひげのエジプトの青年で、真顔で私の目を見つめ、こう言ってきました。

「木村さん、日本の寿司や和食はとても有名です。でも、本当に安心して食べられるのですか？」

日本の和食は平成25（2013）年にユネスコ無形文化遺産に登録され、ローカロリーでヘルシーということもあって、世界の多くの人から愛されています。なのにこの青年はなにを言ってるのだろう。もしかして福島第一原発の事故による放射能汚染のことが心配なのかなと思って聞いてみたら、

「いいえ。チェルノブイリ原発事故の例があるから、放射能汚染の深刻さはわかっています。それではなく野菜の硝酸態窒素《しょうさんたいちっそ》の問題です。日本では硝酸態窒素が多く含まれた野菜をいまだに売っていると聞いています。なぜ日本人はそんなに無防備なのですか？」

と。

すると「そうだ、そうだ！」と言わんばかりに、肌の色の異なった20人ほどのでかい

若者たちに囲まれて、「日本の食材は本当に安全なのか」と、つるし上げを食らったんです。

体が凍りついたよな。
と同時に、ああ、ついに来たかと。

皆さんは聞き慣れない言葉かもしれませんが、硝酸態窒素は多くの病気の根源とも言われている怖ろしいものです。

今から60年ほど前のアメリカで、ある母親が赤ん坊に裏ごししたホウレンソウを離乳食として与えたところ、赤ん坊が口からカニのように泡を吹き、顔が紫色になったかと思うと30分もしないうちに息絶えてしまう悲しい出来事がありました。ブルーベビー症候群と呼ばれるものです。

牛や豚、鶏などの糞尿《ふんにょう》を肥料として与えたホウレンソウの中に硝酸態窒素が残留していたんです。硝酸態窒素は体内に入ると亜硝酸態窒素という有害物質に変わり、血液中のヘモグロビンの活動を阻害するので酸欠を引き起こし、最悪の場合死に至ってしまう。また、発がん性物質のもとになったり、糖尿病を誘発すると言われている怖ろしいものなんです。

家畜の糞尿は有機栽培でも使われますが、堆肥《たいひ》を十分に完熟させてから施せば問題はありません。しかし未完熟の堆肥を使うと、とくに葉ものには硝酸態窒素が残ってしまうので危ないのです。

さらに危ないのは化学肥料を施しすぎた野菜で、要注意です。

このような事件がその後も多発したために、ヨーロッパでは硝酸態窒素に対して厳しい規制があり、ＥＵの基準値は現在およそ３０００ppmと決められています。それを超える野菜は市場に出してはならない。汚染野菜として扱われるのです。ところが日本にはその基準がなく野放し。農林水産省が不問に付しているからです。

スーパーで売られているチンゲンサイを調べたら硝酸態窒素、いくらあったと思いますか？　１万６０００ppmだよ！　米はどうか？　最低でも１万２０００ppm。高いほうは……とんでもない数値でした。ここには書けません。皆さん、パニックになってしまうから。

それに比べて自然栽培農家の作ったコマツナは、わずか３・４ppmでした。

農薬も問題です。

日本は、農薬の使用量がとりわけ高い。平成22（2010）年までのデータによると上から中国、日本、韓国、オランダ、イタリア、フランスの順で、単位面積あたりの農薬使用量は、アメリカの約7倍もあります。

残留農薬のある野菜を食べ続けると体内に蓄積されていって、めまいや吐き気、皮膚のかぶれや発熱を引き起こすなど、人体に悪影響を及ぼすとされています。

日本の食材は世界から見ると信頼度は非常に低く、下の下、問題外。

もう日本人だけなの。日本の食材が安全だと思っているのは。

ヨーロッパの知り合いから聞いた話ですが、日本に渡航する際、このようなパンフレットを渡されたそうです。

「日本へ旅行する皆さんへ。日本は農薬の使用量が極めて多いので、旅行した際にはできるだけ野菜を食べないようにしてください。あなたの健康を害するおそれがあります」

今現在、世界中で行われている栽培方法は三つあります。

一つはほとんどの国でやっている化学肥料、農薬、除草剤を使う一般栽培。慣行《かんこう》栽培とも言われています。これが現代の農業の主流です。

もう一つは牛や豚、鶏などの家畜の堆肥をおもに使う動物性有機肥料やアシなどの植物や米ぬか、ナタネの油かすなどの植物性の有機肥料を施すもの。日本ではいわゆる有機ＪＡＳ栽培、オーガニックとも呼ばれています。これは国が認めた農薬を使ってもいいとされています。

それから三つめは私が提唱する肥料、農薬、除草剤を使わない自然栽培。化学肥料はもちろん有機肥料もいっさい使いません。昭和63（１９８８）年に私が成功させた方法ですが、まだ耕作者は少なく実施面積は小さい。日本だけで栽培されているんです。

そして農業革命、これも三つあるんです。

一つは化学肥料、農薬、除草剤が研究開発されたこと。

二つめは遺伝子を操作した遺伝子組み換え作物ができたこと。

三つめは私が提唱する自然栽培。肥料や農薬を使わずに永続栽培が可能で、地球環境の保全と食の安全が期待できる栽培方法ということで、第三の農業革命と言われるようになりました。

今、世界で一般的に行われている慣行栽培は、体への害を考えるとけっして勧められるものではありませんが、すべてが悪いとは私は言えません。化学肥料と農薬があったからこそ大量生産が可能になり、飽食の時代を迎えることができたんです。除草剤があったからこそ農家も草むしりなどの重労働から解放されたんです。

ただ、長い年月使ってきたために環境がどんどんどん破壊されていった。化学肥料や農薬、除草剤を田畑にまくと、汚染物質が地下水に混じります。汚染された地下水は川に流れ込み、やがて海に出て行きます。すると海ではプランクトンが汚染物質を食べるために大量発生し、その呼吸熱で海温が上がり、台風が発生していく。

最近大きな台風が多いのも、このせいではないのかなぁと私は思っているの。

平成21（2009）年、アメリカ海洋大気庁（NOAA）が、地球温暖化の新たな原因について発表しました。

NOAAが原因として指摘したのは、農薬や化学肥料、家畜の排せつ物などに含まれる亜酸化窒素ガスです。このガスの増加によって、オゾン層の破壊が進み、地球温暖化に拍車をかけているため、早急に排出削減に向けて、これらを使わない栽培を研究開発することが急務であるとホームページに掲載されたのです。

2015年7月、イタリア・ミラノのスローフード協会主催の集いで、林芳正農林水産大臣（当時。中央左）と

亜酸化窒素ガスは地球温暖化の原因の一つといわれる二酸化炭素の３１０倍の温室効果があるという驚きの報告もありました。

私は30年ほど前から自然栽培の指導とあわせて農薬や化学肥料の危険性、そして硝酸態窒素の危険性を訴えてきたのですが、耳を傾ける人がほとんどいませんでした。

イタリアで20人の大柄な若者たちにつるし上げを食らったときも、自分でもとうにわかっていることを指摘されたのだから、これほど情けないことはなかった。

震える思いでいたら、一人の若者がさらにこう加えたのです。

「２０２０年は東京でオリンピックが開催

されますね。けれど選手団のために自国の野菜を持って行ったほうがいいのではないかと、皆で話し合っているんです」

硝酸態窒素や農薬まみれの日本の野菜や果物は危険すぎる。東京オリンピック・パラリンピックでは国の代表である選手団の口には入れさせたくない……。

彼の言ったことはもっともです。けれどそれで引き下がるのは、あまりに悔しい。

そこで、私はこう答えたんです。

「ご指摘のとおりです。けれど今、私が勧める自然栽培に賛同してくれる仲間が日本各地に増えています。肥料や農薬を使わない自然栽培の野菜には、硝酸態窒素も残留農薬もこれっぽっちも含まれていません。オリンピック・パラリンピックのときまでには、皆さんが驚くほど世界一安全な食を提供できるようにしましょう。そして選手村では、自然栽培の野菜や果物でおもてなしできるよう働きかけます！」

高野

日本は農薬大国、化学肥料大国です。海外では日本の農産物は「汚染野菜」扱いされているんです

木村さんが始めた自然栽培は、メイド・イン・ジャパンとして世界に誇れるものです。東京オリンピック・パラリンピックの選手村での自然栽培の食材提供、私は大賛成です！

窒素、リン酸、カリウムなどが入った化学肥料や、牛や豚、鶏の糞尿からできた堆肥による有機肥料もいっさい使わない。さらに農薬や除草剤も使わずに、植物が本来備えている自然の力を引き出して健康・安全な作物を育てる。このような自然栽培をやっているのは日本だけです。木村さんが苦難の末に生み出し、広めた農法です。

7年前に自然栽培でリンゴを作ったという話を聞いたときは、正直眉唾物《まゆつばもの》でした。そんなことできるわけがないと。

当時私は、石川県の能登《のと》半島の付け根にある羽咋《はくい》市役所の農林水産課に勤務しており、65歳以上の人が半数を超す限界集落の神子原《みこはら》地区の活性化のためにIターンの若者を呼んだり、ローマ教皇（法王）に神子原の米を献上して米のブランド化に成功するなど多忙な日々を送っていたのですが、自然栽培の話を聞いたとき、ちょっと待ってくれよと疑いながらも、どこかピンとくるものがあったんです。

そこで若い職員を木村さんの一番弟子のところに偵察に行かせました。岩手県の遠野《とおの》市で自然栽培でリンゴ作りをしている佐々木悦雄《ささきえつお》さんのもとへです。

なぜ木村さん本人のところへ行かせなかったか？

本人だったらいくらでもごまかせるからです。けれど弟子なら嘘をつけるほどの心得はないだろうし、師匠のいいところも悪いところも含めたことを隠さずに話してくれるかもしれない。

数日後、「できます、これは！」と職員たちが目を輝かせて戻ってきました。

写真を見、報告を聞くと、どうやら本当の本物のようでした。

そこですぐにアポイントを入れて、羽咋から木村さんの住む青森県の弘前《ひろさき》まで車を飛ばしたんです。

ちょうどその年（２００９年）のアメリカの権威ある科学雑誌『サイエンス』に、化学肥料が地球温暖化の原因だと書かれてありました。いや、そんな生やさしい表現ではない。

「evil」、邪悪の根源と書かれてあったんです。

地球温暖化は大気中に大量に排出された二酸化炭素やメタンガス、フロンガスなどにより太陽からの熱の吸収が増えた結果、気温が上昇することです。その最大の原因が化学肥料に含まれる亜酸化窒素ガスだと。

化学肥料を畑に10kgまいたとしても農作物が吸収するのはわずか１〜１・５kg。あとは雑草や土が２〜３kg吸収し、残りの５・５〜７kgは、気化して亜酸化窒素になり大気中に拡散します。これが温暖化のいちばんの原因らしいのです。つまり温暖化のおもな原因を作ったのが農業であるということです。

木村さんがおっしゃるように日本は世界でも農薬を多量に使っている国のひとつです。

そして化学肥料も単位面積あたりの使用量は傑出して多い。

日本は農薬大国、化学肥料大国なんです。化学肥料を使えば使うほど温暖化は進んでいく。その先頭に立って地球を汚している国の一つが日本なんです。これは日本人としてとても恥ずかしいことです。少しでもそれを止めるには化学肥料や農薬をいっさい使わない自然栽培を広めるしかない。

これが新しい使命だと確信したんですね。

そこで木村さんにお目にかかってすぐに、

「自然栽培の実践塾を開いてください。先生と同じことができる農家を100人も200人も増やしたいんです」

と口説きました。ふつうこういうときは講演会をお願いするものですが、そんな悠《ゆう》長《ちょう》なことは言ってられないと思った。木村さんの話を聞いて〝感動する人〟を増やしても意味がない。それよりも〝行動する人〟を増やさないといけないと思ったからです。

感動よりも行動。講演よりも栽培指導です。

木村さんと同じ農法の生産者を増やさないと地球が危ないんです。

木村さんはこう言ってくれました。

「やろう。塾開こう。他のスケジュール全部つぶしてでも羽咋へ行く」

木村さんも地球がどれだけダメージを受けているかを痛いほどわかっていた。そして環境汚染から地球を救うために、残された時間はもうあまりないということも。

翌年の平成22(2010)年から羽咋市の自然栽培の取り組みが始まりました。JA(農業協同組合)にも協力してもらい、日本で初めて行政とJAが組んで自然栽培の普及活動を行ったのです。

しかもそのとき木村さんは、自然栽培のノウハウをすべて教えると言ってくれたのです。

こういうときは、ふつうの人なら小出しにしか教えません。しかも「秘伝中の秘伝なので一族のものにしか教えない」などと勿体《もったい》つけて、莫大なギャランティーを要求したりする。けれど木村さんは唐突な私の申し出に、ぽんと響《ひび》くように応えてくれた。

「なんでも教えます。私、特許取ってないから」

——木村秋則。この人は本物だと思いました。

アベノミクスの「三本の矢」の一つ、成長戦略のなかに農業が位置づけられているわけですが、まさに東京オリンピックが開催される2020年までに農林水産物の輸出倍増をうたい、1兆円規模に拡大すると言っています。けれど硝酸態窒素の例を見ても明らかなように、現状では日本の農産物は「汚染野菜」とされて海外に輸出できないものがとても多いのです。

けれど自然栽培で作られた作物は違います。

1950年代に工場の廃液により水俣病《みなまたびょう》と呼ばれる公害病が起きた熊本県の水俣で、松本和也《まつもとかずや》君という若い農家が、

「日本でいちばん汚されたところから、世界でいちばんきれいなものを作っていこう」

と、12年前から3・6haの茶畑のうち半分以上の面積を自然栽培で、残りを無農薬・無化学肥料栽培でお茶を作っています。彼の作る緑茶とほうじ茶は硝酸態窒素や残留農薬に厳しいドイツへ輸出されて、そこからEU圏内に渡っています。また、紅茶と釜炒《かまい》り茶はイギリスに輸出されてロンドンの人たちに愛飲されています。体に害を与えるものが検出されないから、ほとんどフリーパスで楽々と検査を通るんですよ。

この例から見ても自然栽培の食材はメイド・イン・ジャパンとして世界に誇れるもの、広めていけるものなんですね。

2. オリンピックとパラリンピックに自然栽培の食材を!

次の目標な、オリンピック・パラリンピック。日本の食材の不安を解消するには、これよりないのよ

次の大きな目標は、２０２０年に開催される東京オリンピック・パラリンピックです。

福島第一原発事故における放射能汚染、肥料を施された野菜に含まれる硝酸態窒素や残留農薬の問題……世界から信用されていない日本の農作物ですが、それらを解消し、日本の食のすばらしさをPRするにはオリンピックとパラリンピックが絶好の機会です。

選手村の食材に自然栽培の野菜を使ってほしい。

有名シェフの三國清三《みくにきよみ》さんは自然栽培は世界に誇れる素材だと、オリンピックとパラリンピックでの使用が決まったら喜んで協力すると言ってくれました。

ただ、食材提供が決まるまでには相当ハードルが高いことは想像できます。

7月24日（金）から8月9日（日）に開催されるオリンピック、そして8月25日（火）から9月6日（日）までのパラリンピック、およそ30日の間に選手村では400万食の食事が必要といいます。それだけ莫大な量の食事を今の自然栽培の普及状況で4年後に準備するのは難しいのが現状です。

米と野菜は大丈夫。けれど育つのに年数のかかる果樹が間に合うかどうか……。

しかし国が自然栽培を後押ししてくれて、自然栽培に取り組む農家が増え、体制が整えばなんとかなるのではないか。

ただ、化学肥料や農薬、除草剤を勧めているJAは反対するし、もちろん農林水産省も首を縦に振らない。それらを作っている企業、そして世界各国から食材を輸入する商社などもつぶしにかかってくるでしょう。

だから私は年の半分以上も日本各地を歩き回って強く訴えているわけですよ。日本の野菜は世界から危なくて食べられないと思われている。だからそうじゃないんだよということを示すために、世界に出しても恥ずかしくない食材をオリンピックで使ってもらおうと。

選手たちに自然栽培の食材を食べてほしい理由はほかにもあります。

自然栽培の食材は、栄養価が高いのです。科学技術庁の「日本食品標準成分表」から検証してみましょう。野菜100gあたりの栄養価ですが、上に示した数値は昭和26（1951）年のもの。矢印の下に示した数値は平成12（2000）年のものです。

★ホウレンソウ……ビタミンA　8000IU　→　700IU
ビタミンC　150mg　→　35mg
鉄分　13mg　→　2mg

★ニンジン……ビタミンA　13500IU　→　1400IU
ビタミンC　10mg　→　4mg

鉄分　2mg　↓　0・2mg

★トマト……ビタミンA　400IU　↓　90IU

鉄分　5mg　↓　0・2mg

リン　52mg　↓　26mg

★ミカン……ビタミンC　2000mg　↓　33mg

カルシウム　29mg　↓　15mg

鉄分　2mg　↓　0・1mg

化学肥料をほとんど使うことのなかった昭和26年の野菜や果物のほうが、栄養価がとても高いことが一目瞭然でわかります。当時は旬のものしか出回らなかったので栄養価が高いんですね。今は野菜も果物も年間を通して栽培されるので、栄養価の数値は年間の平均で算出されるから、昔と較べると低くなるんです。自然栽培の作物は旬のものを提供するわけですから、昭和26年と同等の高い数値になります。

選手たちには栄養価の高い食材を食べてもらって、最高のパフォーマンスをしてほしい。そういう意味でもオリンピック・パラリンピックの選手村の食事には自然栽培の食材を提供したいわけです。

一説では自国の食材を東京に空輸することに決めた国もあるようですが、私はそれでもあきらめません。

オリンピックに較《くら》べて、実現可能性が高くなりつつあるのがパラリンピックです。

これには大きな目標があります。

パラリンピックの選手たちには、障がい者たちが作った自然栽培の食材を提供できればと考えているんです。

私はこれまでに障がい者たちの自立に自然栽培が役立てたらと、日本各地の施設に行って栽培指導をしてきました。彼らにはタマネギやその他のネギ類、それからダイズ、ソバ……手間のかからないものを教えています。麻痺《まひ》の強い人は手が動かないけれど、掌《てのひら》に種をのせれば、指と指の間から種が落ちて自然に種まきができる。車イスに乗ってやれば、車イスを押す介護の人が後ろから土をかければいいので、うまくいくんです。

「ハンディのある人にもやさしい社会の実現を目指そう」と愛媛県松山市の佐伯康人《さえきやすと》さ

んが代表になって立ち上げた「メイド・イン・青空」は注目に値します。ハンディのある人たちとともに「ニッポンを元気にしよう！」と休耕地を自然栽培による田畑に戻して、米をはじめジャガイモやダイコン、タマネギなどの野菜、ウメにミカン、リンゴなどの果物を作り、加工も行っています。この活動は「自然栽培パーティ」と名付けられ、今では日本各地の49ヵ所の施設と連携するまで活動の輪が広がりました。

このような農業と福祉の連携は、本来ならば国がやるべきところを佐伯さんが立ち上がって、農林水産省や厚生労働省が後押しする形になったわけです。この農福連携の成功例は、欧米、とくにヨーロッパではとても高く評価されていて、「ＳＨＩＺＥＮＳＡＩＢＡＩ」という言葉を広めてくれました。

パラリンピックでの食材の提供は、ぜひ実現させたいですね。

なにより障がいのある人たちの「社会に役立った」という自信にもつながるからな。

高野

木村先生が作ったリンゴを放置しておくと枯れます。自然栽培で作った米や野菜や果物は腐らない。枯れるんです

自然栽培の野菜は腐らないんです。

輸入したリンゴ、放っておくと色がくすんで腐りますね。スーパーで売っているホウレンソウやニンジン、冷蔵庫に長い間置いておくと腐ってドロドロに溶けてしまう。体にやさしいと言われるオーガニックの野菜や果物もほとんどそうなります。化学肥料や完熟していない堆肥を使っているから窒素過剰により腐るんです。しかもとても臭い。けれど自然栽培のホウレンソウやニンジンは枯れます。木村さんからいただいたリンゴ、もったいなかったけど1個だけ放置してみたら枯れました（木村さん、貴重なリンゴをごめんなさい。でも講演で来場者の皆さんにお見せして役立てています！）。

本物は枯れます。食べちゃいけないのが腐るんです。腐ったり溶けたりするものを食べて、体にいいわけがありません。

山へ行ってください。葉っぱはみんな枯れるでしょう。人の手で肥料が与えられていないからです。それが自然の姿なんです。森の葉っぱがすべて冷蔵庫の野菜みたいに腐ったら、とんでもないことになりますよ。

オリンピックやパラリンピックは自然栽培を世界に広めるまたとない機会です。全世界からマスコミもやって来るので、あっという間に広まっていく。世界中の人から日本はすごいな、車やバイクや家電製品でいいものを作っているけど、こんなすごい農作物も作ってくれたのかと絶賛されると思うんですよ。

羽咋市では平成28（２０１６）年の1月29日に、市内の全小中学校で自然栽培の米と野菜を使った給食が出されました。市内の菅池《すがいけ》町で穫れたキクイモとニンジンのきんぴらやサトイモの入った「能登の里山汁」……。１４４５人の生徒たちは喜んで食べたそうです。この試みは日本初でした。これからも月に1回「自然栽培の日」を設定、給食を実施していきます。

今、化学物質過敏症で悩む子ども、ぜんそくやアトピー性皮膚炎などのアレルギーで苦しんでいる子どもが増えています。農薬や化学肥料、除草剤を使う慣行栽培による汚染で環境が年々悪化し、それとともに日本人の体質も変わってきているのだと思います。体質変化の大きな原因は、もちろん食べ物にあるでしょう。

そういう子どもたちが自然栽培の食材を摂れば、体質はだいぶ改善されると思うんです。

この給食の試み、羽咋市でもできたのだから、他のところでもできるはずです。人々が幸せになるもの、健康になるものを提供するのが、これからの日本の戦略でもあると思っているんです。

「日本の野菜は腐らない！　枯れる！」

こんな健康的な食材があるのかと喜んでもらいたい。

自然栽培のニーズは世界中にあります。農業大国で美食の国でもあるフランスの三つ星レストラン「アラン・デュカス」からも、羽咋市の神子原地区の自然栽培米を使いたいとオーダーが入ったほどですから。

「いやー、すごいね、日本人は！」

と、感謝される日本を目指すべきなんですね。それが日本人の生き様じゃないかと思うんです。

オリンピック・パラリンピックでの農産物の提供には、環境や安全に配慮した基準であるＧＡＰ認証が必要であると国際オリンピック委員会（ＩＯＣ）が決めました。たとえばオーガニック食材ならば認証されますが、日本ではまだオーガニックの食材がそれほど流通していないので、日本産の食材の提供は難しいという声をよく耳にします。けれど私はそうは思わない。農薬、肥料、除草剤といった外部資材をいっさい使わない自然栽培のものは、先ほどの水俣の農家・松本君の例にもあるように、残留農薬について厳しいドイツをフリーパスです。なんら問題はないはずです。

ただ、農林水産省とは組めないんですよ。ＯＢが薬剤メーカーや肥料メーカーに出向して結びつきが強いから。このほかにも肥料や除草剤を推奨して収入源とするＪＡをはじめ、肥料や農薬の製造業者、種苗会社、食品会社などからは総バッシングを受ける危険があります。自然栽培は彼らを全否定することになるからです。

そんな利益を狙っている連中にどう立ち向かうか？

権利・権限を持った人の力を借りるのがいちばんの方策だと思うんです。

そんなときにある人から突然ランチのお誘いを受けたんです。

3. 地方創生担当大臣が約束した自然栽培の国策化

木村

中国は自然栽培の普及を本気で進めています。それに較べて日本は、国を挙げての動きにはなっていない

羽咋市での自然栽培の食材が給食で使われたという話は、とても嬉しいニュースでした。

高野さんが公務員として自然栽培を推進するために尽力された羽咋市は、今も行政とＪＡが手を組んで自然栽培を推進しています。これは世界に誇れることだと思います。

また、同じ石川県の県立津幡《つばた》高校では、この5月から週に2回、自然栽培の授業が始まったそうです。羽咋市とJAはくいが主催する「のと里山農業塾」の受講生が企画したもので、高校生が好きな野菜を作付けし、収穫するというもの。もちろん世界初の試みです。

羽咋市に自然栽培を根づかせたのは、高野さんの功績です。平成22（2010）年にJAの組合長にかけ合って私の講演会を開いてくださり、同年の12月から年間6回の「自然栽培実践塾」を企画してくれました。羽咋市の神子原地区の95aの田んぼを使って田おこしや除草、代《しろ》かきなどの稲作全般を実際に土の上で指導するというものです。

そのときに、みんなが一生懸命自然栽培に励めば、3年後には田んぼから農薬や肥料、除草剤が抜けるから、もしかしたらトキが戻ってくるかもしれないと言っていたんです。ニッポニア・ニッポンという学名を持つ国の特別天然記念物のトキは、日本の自然の美しさを象徴する鳥で、羽咋市のある能登半島に生息することで知られていました。けれど農薬の使用が増えるにつれて激減し、平成15（2003）年に最後の国産のトキが死んでしまった。

その後、中国産のトキを佐渡島《さどがしま》で繁殖し、放鳥するようになりましたが、羽咋には長い間姿を見せなかったのです。

そうしたらまさに3年後に羽咋市のある農家から、興奮した声で電話がかかってきました。

「先生、今、うちの田んぼにトキがいます！」

と。驚いたなんてもんじゃないよ！

羽咋市は見渡すばかりの田んぼが広がる田園地帯です。そのなかでなぜ自然栽培の田んぼに降り立ったのか。

トキは肥料、農薬、除草剤のない、きれいな田んぼを知っているんだな。けれどそのとき、こうも思いました。

自然栽培のすばらしさをまだわからないのは日本人だけなんだなと。

平成28（２０１６）年3月に中国に指導に行き、改めてそれを痛感しました。

中国は約14億人と世界一人口が多い国だから、食の不安が深刻な問題となっています。一方で内陸に行くと砂漠化の問題がある。そこで農業でなにかできないかと私に相談してきたので、行ってみたわけです。

揚子江《ようすこう》沿いにあるブドウ畑に案内されました。すると顔の3分の1くらいもあるずいぶん大きな四角い眼鏡をかけた四角い顔のおじさんが、妙に熱心に私の話を聞いている。ボディガードのような人がいたので、偉い人なのかな、でもネクタイをしていないから、それほどの人ではないのかなぁと思いながら説明をしていたら、通訳の人が、四角い眼鏡の人は、中国政府高官ですよと教えてくれました。

70町歩《ちょうぶ》（ha）の畑で、ブドウ、ナシ、モモ、それからクワの自然栽培の指導をしました。中国の人はクワの実が好きで、よく食べるらしいの。実際口にしたら、超うまかった（笑）。

中国政府高官は、なんと2日半も現場で立ち会い、熱心に耳を傾けてくれました。そして別れ際に、

「中国は10年で食の不安をなくします」

と力強くおっしゃいました。

翌朝、ホテルの人がわざわざ私の部屋までやって来て、持ってきた新聞を指さすんです。漢字だけど日本のとは違うから読めません。けれどよく見ると、

「食の安心、安全」

と書かれた大きな見出しがあるのがわかりました。通訳の人に読んでもらうと、他には、

「環境改善、前進しよう」

と書かれてあったそうです。

中国の新聞で「食の安全」とか「環境改善」とか言う言葉が使われたのは初めてだそうです。しかも1面だけではなくて紙をめくった次の面にも、さらに次の面にも「食の安心、安全」という言葉が載っている。

リンゴ畑も15町歩あり、ここもすべて無農薬、無肥料に切り替えています。品質も良く日本となんら変わらない。今は中国が世界最大のリンゴ生産国です。これらはすべて林業試験場の職員が管理していて、彼らは中国共産党のエリートたちです。

中国は本気だと思いました。

それに較べて日本はまだ国を挙げての動きにはなっていません。

高野

木村さん、私は今、国に自然栽培を後押ししてもらうために、あれこれやらかしているところです

「ぼくとランチをしませんか」

平成27（2015）年の秋、ある方から電話をいただいたんです。

当時の地方創生担当大臣の石破《いしば》茂《しげる》さんからでした。

地方創生のヒントになるような話をしてくれないかという依頼です。

私の著書『ローマ法王に米を食べさせた男　過疎の村を救ったスーパー公務員は何をしたか？』（講談社＋α新書）を付箋《ふせん》をたくさん貼りながら熟読し、興味を持ってくださったようです。あちこちに「これを読みなさい」「こんな痛快な本はなかった」と勧めていただいたようですが、秘書官に貸したら戻ってこないと（笑）。それで新しくもう1冊購入して、それにもまた付箋をたくさん貼りながら読んでいるとおっしゃっていました。

お昼を食べに羽咋から霞《かすみ》が関《せき》に向かいました。

大臣は日本中を歩くなかで疑問を抱くようになっていたらしいんですよ。どうして地方は動かないんだろうと。役所やJAに頼らずに自活・自立しているところは、羽咋市の神子原のほかにもあるのですが、近隣の市や町はいっさい見ようとしない。だから広がっていかないいんです。日本人の癖ですよ。近くにあるものほどいいとは絶対言いませんから。地の神はすたれるんです。

「それではどうすればいいですか?」

石破さんは聞きました。私は自然栽培による地域活性化を提案しました。

「外からですよ。大臣、外から地方創生をやりませんか」

「どうやって?」

「アメリカから始めませんか。自然栽培の食材をアメリカに輸出しましょう」

アメリカへ輸出してから逆輸入させるんです。先ほども話したように、日本人の気質として日本の中だけで広めようとしても時間がかかる。けれど大国のアメリカで話題になったら、そこで日本人は初めて、「あ、自然栽培はすごいんだ」と気づき、ブームを起こせます。だからあえて〝敵陣〟に乗り込む。

私の提案に石破さんは大きくうなずきました。


年が明けた平成28年、石破さんはわざわざ羽咋までいらっしゃったんです。

自然栽培実践塾の田んぼがある神子原地区にある神音《かのん》カフェ（ここのオーナーは限界集落脱却のために移住してきた若者の武藤一樹《むとうかずき》さんです）で二人きりで、人を動かすにはどうしたらいいかとか、肩書のある人よりも経験則のある人をシティ・マネージャーとして地方に派遣してほしいとかいろいろな話をしました。

そして農薬、肥料、除草剤を使わない自然栽培を地方創生の礎《いしずえ》にしてほしいという流れになり、私は思いきって提案したんです。

「大臣、自然栽培を国策にしませんか。安心、安全で体にいい野菜は、輸出先でも絶対喜ばれます。ＴＰＰ（環太平洋戦略的経済連携協定）にも勝てますよ。そのためにはいろいろ尽力します」

するとと石破さんはこう言ってくれました。

「ぜひやりましょう」

地方創生担当大臣が約束したのです。

これで自然栽培がもっと広がる。世界中に健康な人が増える。そして環境破壊にもストップがかけられる……。

木村さんもとても喜んでくれると思い、さーっと鳥肌が立ちました。

とはいえ石破さんが危惧《きぐ》されていたのは、農林水産省がやらないだろうなぁということ。やりませんよ。農薬が売れなくなったらどうする。肥料が売れなくなったらどうする。そういう問題が羽咋でも起きて、JAを巻き込むのに苦労したのだから、日本全体でも起きるでしょう。「国がそんなことやっていいのか」という反対が絶対来ます。

でも国策になったら、国の力で世の中は動くはずです。

ところが同年8月に第3次安倍再改造内閣が発足し、石破さんは地方創生担当大臣からはずれることになりました。

自然栽培の国策化に待ったがかかった?

いいえ、そんなことはありません。もちろん他にも手は打っています。

衆参合わせた超党派の国会議員で結成する「自然栽培推進議員連盟」の設立です。

羽咋市役所を平成28（2016）年3月末で定年になった今は、誰からも拘束されないので、永田町から呼ばれたら自由に行けるようになりました。石破さんや自民党農林部会長の小泉進次郎《こいずみしんじろう》さんらの議員に会うたびに、自然栽培の国策化を推進する超党派の議員連盟を作っていただけるよう要請していたんです。

先日、石破さんとお目にかかったときに、連盟の設立発起人をお願いしたら、「地方創生担当大臣は退きましたが、できることはやりましょう」と快諾してくれました。

新たな展開の始まりです。

なぜ連盟を作る必要があるのか？

一部の議員だけにお願いするとマイナーなものになりがちだからです。連盟を作ることで多くの先生方を取り込みたい。誰もが知っているような議員が入っていると、「ほう、あの先生も議員連盟に入っているのか」と農家の方々の態度が変わってくるんです。そこが狙い目です。

また、ファーストレディーで、ご自身も農業をやられている安倍昭恵《あべあきえ》さんからも官邸に何度か招待していただきましたが、自然栽培に理解があるので、とても心強い。

つい先日も、「私も農業に携わる者の一人」として、自然栽培を実践する仲間へ励ましのメッセージをいただきました。ありがたかったです。

内閣府の審議官との会合や衆参議員の政策秘書の研修会の講師として呼ばれることもあるので、そこではＴＰＰ問題を含めて自然栽培が国益にいかにプラスになるかなど、より具体的な国策化戦略をお伝えしています。

先日は自民党のほかに、民進党や共産党などの政策秘書が集まる研修会がありました。

「民進党も共産党も関係ない。日本の政治家ならば、超党派で一丸となって日本の食の安全を守ってほしい。自分たちの政党のことだけを考えていたら小さなことしかできない。１００年国会で論議しても何も変わりませんよ！」

と、好き放題言わせてもらいましたが、自民党関係者しか拍手をしてくれなかった（笑）。だいぶ嫌われたようですが、秘書に好かれるために話をしに行ったのではありません。

あくまで国民ファースト、地域住民ファーストです。

4. ＴＰＰが発効しても恐るるに足らず

木村

私はＴＰＰは最高の機会だと思うの。日本がチェンジするのに

アメリカではＴＰＰ（環太平洋戦略的経済連携協定）に反対の立場を強く表明しているドナルド・トランプさんが新大統領になり、ＴＰＰからの離脱を明言したので、今後の動向がどうなるかはわかりませんが、私はＴＰＰにはどちらかと言えば賛成です。

ＴＰＰに参加すると自由貿易によって外国から安い農産物が大量に輸入されて、日本の農業が脅《おびや》かされると騒いでいる人たちがいるけど、それ、違うと思っているの。「海外から安い野菜が入ってきたら、俺の作ったものが売れなくなる」と猛反対する農家や、「TPPに参加したらこの農林水産物は25億円のマイナスになる」などと関係者が不安をかき立てているけど、なぜ現状維持することを考えてばかりで、変わろうとしないのかなぁと。

もっと根本的なこと。自然栽培のような世界にない安全な農産物を出せば、新しい販路や輸出先が出てくるでしょう。

なんでそういう考え方をしないのかなぁと。

それに日本人は自分たちのものを守ろうという働きが強いんです。たとえば山形のサクランボ。輸入自由化が発表されたとき、反対運動がすごく起きたわけです。そして昭和53(1978)年に米国産の輸入が自由化され、アメリカの黒いサクランボがスーパーに並ぶようになった。

けれど売れたかといえば、それほどでもなかったわけです。

農家はそれまでの加工用から生食用の「佐藤錦《さとうにしき》」に切り替えるなどの工夫をし、消費者も山形のサクランボを買い支えたわけ。日本人は、いざというときに結束する力が強く、これは他の国には真似できない国民性なんです。だから今度も一つの輪になり、自分の国を守りつつも世界にそれを発信していこうという動きに変わったら、とてもよくなるのではないのかなぁと思うんです。

農家一人ひとりが自立をし、意識改革をするためにＴＰＰは最高の機会です。ＴＰＰによるショックを受けることで日本人が食に目覚めるのではないかと。

どこかの役人がＴＰＰを克服するには大規模農業で効率化を進めるしかないと言ったそうですが、国土の狭い日本で、農地が広いアメリカやオーストラリアなどの海外のやり方を真似してもまったく意味がないでしょう。勝てるわけがありません。

しかも大規模農業化をすれば大量生産を図るためにどうしても化学肥料や農薬、除草剤の力に頼らざるをえなくなる。そうなると地球環境の破壊も進んでしまいます。

もっと日本独自のやり方で世界にアピールし、現状を打破する。

それには本当に安全で安心できる農産物を作り出す自然栽培を広めるしかないと私は思っています。

数年前、私のリンゴ畑にスーツに革靴をはいた人たちが大勢やって来ました。

日本の大手スーパーの人たちでした。なんでもそのスーパーの創業者はリヤカーでのリンゴ売りから商売を始めたそうです。だからとても熱心に自然栽培で作ったリンゴの話を聞いてくれました。

彼らは自社の畑を持ち、そこではできるだけ農薬を使わずに野菜を作ろうと計画している。なんでも売れればいいというものではない。消費者の健康が大事とおっしゃってました。

大手が先導してよ、改革を促しているということは、すごくいいことだな。私、そう思いますよ。

やはり安心、安全な食材を提供していくのが、これからの日本の農業のあり方だよな。

高野

自然栽培をジャポニックと呼んで、世界中に広めたいと考えています

「木村式自然栽培」という言葉はわかりやすくてとってもいいと思いますが、それが定着するとどうしても門戸が狭くなってしまう。日本で自然農法を生み出した人として、岡《おか》田《だ》茂《も》吉《きち》さんや福《ふく》岡《おか》正《まさ》信《のぶ》さんがいますが、やれ岡田式とか福岡式だなんてやると、「うちが本流だ、他は認めない」「自分だけが秘伝を教わった。栽培のノウハウを知りたかったら金を出せ」「この農法は門外不出。一族のものにしか教えない」などとなりがちじゃないですか。それは小さなセクト主義を生むだけなんですよ。

だから「〇〇式」という呼び方をやめて、農薬、肥料、除草剤を使う西洋の農業を根底からひっくり返した日本人が確立した農法ということで「ジャポニック」。

これ、いいと思いませんか？

トランプ氏が新大統領になったので、ＴＰＰがどうなるかはわかりませんが、私は賛成です。どうぞ来なさい。こちらにはジャポニックという食べた人が健康になれて環境にもやさしい、世界でどこにもない食材があるのだから。世界中がほしがりますよ。競争に勝つには嫌なものを押しつけるのではなくて、相手が喜ぶものを届ける。この考えでいけば勝てるはずなんですよ。

前にも話しましたが、自然栽培の野菜や果物は腐りません。

「日本人が作る野菜や果物は不思議だ。なんて日本人はすごいものを作るんだ！」

ここにこれからの日本が見せる一つの策、大きな希望が見いだせると思うんですね。

また地方で問題になっている放ったらかしの遊休農地。耕作放棄地とも呼ばれていますが、そのうち荒廃農地は全国になんと27万6０００haもあります（平成26年農林水産省調べ）。そのうち再生利用が可能な荒廃農地は13万2０００haもある。

私たちがよく言っているのが、遊休農地は4年も5年も農薬も化学肥料もまかれていないから、実はお宝なんです。そこでは農薬や化学肥料の成分が分解されているので、自然栽培がすぐできる可能性が濃厚なんです。

木村さんをお呼びして羽咋市の神子原で最初に自然栽培実践塾をしたところも遊休農

地でした。3年間放置した状態のところで木村さんの指導を受け、初めて米が穫れたんですね。1反《たん》(10a)あたりの収穫量は、およそ7俵(約420kg)でした。肥料を使うと10俵は穫れるんですよ。でも何も使わなくても7俵は穫れた。自然減反ですね。だから減反政策をとらなくていいんです。こういったことからも自然栽培の農家が増えることで地方創生の大きな柱にもなる。

これを日本中でやっていけば、大きく変われます。自然栽培と地方創生……私は地方創生とは日本創生ではないかと思っている。日本全体が創生するには、この方法、この道しかないような気がするんですね。

いちばんいいのは国がやっちゃうことなんです。理想を言えば農林水産省ですが、JAのしがらみもあるので他の省でもいいから自然栽培課ができればいい。

だから前地方創生担当大臣の石破茂さんに設立発起人になっていただき、超党派の衆参両議員で「自然栽培推進議員連盟」の設立に動いているわけです。国策でやれば先ほどの○○式といったセクト主義や跡目争いなどは起こりません。脈々と国が引き継いでいきますから。

また、国で厳しい基準を作って、残留農薬などのレギュレーション(規則、ルール)

を作るべきです。徹底的に調べて、基準に満たないものは、「これ、ジャポニック品質ではないでしょう」

と言ってはじけばいい。いいものしか世界に出さない。

よく考えてほしいのが、オランダという国は面積が九州くらいなのに、農産物の輸出高は世界で3位以内をずっと保ち続けているんですね。農林水産省の資料では、平成25(2013)年の農産物輸出額はアメリカに次いで2位で909億ドル。日本は60位で31億ドル。約30倍も差があるんです。

なぜ日本はそんなに低いのか?

売れるものを作っていないからです。

つまり日本人がこんなすばらしいものを作れるということが世界中に知れ渡り、オランダ並みになるだけで30倍も急成長できるということ。こんな産業は、農業をおいて他にないですよ。ここにものすごい希望と光が見えてくるんですね。

先日も内閣府の関係者と自然栽培を巨大産業にしていこうじゃないかという話をしてきたところです。日本は食のリーディングカントリーとして世界を席巻《せっけん》できるはず。

農業はこれからもっと浮上しますよ!

5.

世界初。自然栽培の研究拠点を大学に設立

高野

自然栽培を大学で教えて
世界中から学生徒を集めます。
前例がなければ、自らが前例になるだけです

木村さん、世界初の自然栽培大学の話は、私から先に書かせていただきます。

石破茂さんが羽咋にお見えになったときに、自然栽培を国策にと訴えたら、「自然栽培の研究機関はないのですか」と質問されました。

もちろんすでに手は打っているので、こう答えたんです。

「世界初、自然栽培を学べる大学ができるんです」

自然栽培の動きは広まりつつあるけれど、まだ学問として体系化はされていません。それを大学で学ぶことができたらと前々から考えていたのですが、以前、講演に招いていただいた立正《りっしょう》大学の理事長と話をする機会があり、オーガニックをはるかに凌駕《りょうが》する概念としてジャポニックを広めたいと提案したんです。

「大学内に自然栽培学科を開設しませんか?」

すると理事長は、「少子化の時代だから学生が集まらない」と歯切れが悪かった。しかし「そうですか。持ち帰って検討します」と簡単に引き下がる私ではありません。

「日本の学生を集めようとしたら、たしかに難しいかもしれません。だから世界中から学生を集めましょう。世界で学問として自然栽培を学べるのはここだけです。世界中から農業に希望を抱いた熱心な学生が集まってきますよ!」

開発途上国や農薬や肥料が手に入らない国の若者、環境破壊に危機感を持っている若者、そして農業の可能性に希望を抱いている若者が世界中から日本にやってきます。

国内だけに目を向けると、たしかに少子高齢化の現実があるから希望を持ちにくくなる。けれど世界に目を向ければ、いっぱい若者がいるじゃないですか!

「日本発で世界を相手に勝負しませんか！」

これは私のモットーの一つである先手必勝・進取の気性で、どこもやっていないから価値があるんですね。二番煎《せん》じでは面白くない。前例がなければ自らが前例になればいいんです。どこもやらないならここでやればいい。なにもなければ自分で作ってしまえばいい。難しい話ではありません。

理事長は乗ってくれました。けれど学内に抵抗勢力はあるでしょうし、肥料や農薬は正しいとする農業系の大学とのしがらみもあるでしょう。

そこで平成27（２０１５）年10月に立正大学で木村さんと一緒に講演したときに、木村さんも巻き込んで、

「ここに世界初の自然栽培学科を設立しましょう！」

と勝手に宣言してしまったんです。場内はもう割れんばかりの拍手でした。客席の最前列に座っていた理事長は、こうなると腹をくくるしかない。

私も自然栽培概論のようなものを講義できればと考えておりますが、木村さんには実際に畑に立って実践指導していただけたらと思います。

木村先生、いかがですか？

高野さん、自然栽培の授業、やりましょう!

高野さん、大学で自然栽培を教えるのはとってもいい。

それ、一緒にやりましょう!

農業は、もともと野生の木や雑草から始まったわけだ。野菜といえどもそれを改良してできたんです。だから学問として学ぶところはたくさんあると思います。自然栽培を学ぶことで、もっと自然の大きさや賢さを知るべきですよ。

福島第一原発事故の放射能汚染もそうです。

ある放射性物質は半減するのに3万年、いやもっとかかると言われているけれども、あきらめるんじゃなくて、この汚れを取り除くのに土壌バクテリア、土壌細菌の働きは見逃せないと思っています。

実際、東日本大震災が起きた年に福島県伊達《だて》市に行ってイネを植えてみたんです。8年間、自然栽培で米を作ってきた自然栽培仲間の農家の田んぼです。

収穫のときに隣にある慣行栽培の米の放射能汚染度を測ったら、相当な量の放射性物質が検出されたけど、そこからあぜ道をはさんで1m離れた自然栽培米からは1ベクレルも検出されなかったんです。そのときのデータはありますよ。

それから福島県に近い宮城県の田んぼでも同じことをやったら、そこでも同じ結果が出たの。

自然栽培の田んぼは、一握りの土の中に60億〜70億のバクテリアが棲《す》んでいると言われます。一般栽培の田んぼより何倍も多い。そのおかげなのかもしれないけど詳細はわかりません。なんで日本の大学の農学部や医学部は、そういうことを研究しないのかなあと思っていたときに立正大学の話がきたんですよ。

高野さんに立正大学の理事長を紹介されたあとで、私のリンゴ畑をかれこれ14年調べてくれている弘前大学農学生命科学部教授の杉山修一《すぎやましゅういち》さんと一緒に立正大学の副学長に会ったんです。

そのとき杉山先生は副学長に、

「自然栽培はこれまで私が学んだことがまったく通用しない世界」

と言っていました。

杉山先生自身も自然栽培のリンゴ作りに挑戦しているのだけど、この14年間、自分がやってみて「自分たちが学生に教えてきたことが、本当に正しいのかと疑問を感じる」って。

すごくいいこと言うなと思いました。

大学教授で自分の考えを曲げるっていう人は少ないんです。自分は一つも間違っていないという人が多い。でも実際にやってみて自然栽培の奥の深さがわかったと。

杉山先生にも、その経験を通して立正大学で授業をしていただけたらいいんじゃないかな。

私は教えるとしたら、教室ではなく現場です。大学関係者に、

「畳6枚くらいの場所ありますか？　それがあったら、もう十分です」

と伝えました。まずは研究だから、畳6枚の広さの畑があれば問題ありません。

まずは作物の特徴を知ってほしい。原種がどこにあったのかを考えて育てなさいと。

いくら品種改良して遺伝子操作しても原種の遺伝子は必ず残ります。今はインターネットで、トマトやタマネギ、キュウリなどはどこが原産ってすぐわかるから、それに合わせた栽培方法をとればいいんです。

たとえばトマトの原種は降水量のほとんどない南米のアンデス地方なので、水はあまり与えてはいけない。雨が多い日本では土を乾かすために畝《うね》を高くして水はけをよくすることが大切とか。タマネギも原産が乾燥地の西アジアだからトマトと同じです。高い畝を立てて水はけをよくしてあげる。けれどみんな平らな土のところにタマネギの苗を植えているの。水はけを考えたら、湿気ばっかりになる。そんなところでは育たないよ。一方でキュウリは東アジアが原産なので畝を低くしてあげる。

こういったことに加えて、トマトは縦に植えるよりも横に寝かして植えたほうが、茎からいくつも根が出てくるので土中の栄養分を吸って生育がよく、驚くほど甘いおいしいものができるとか。

このように教科書には載っていない、私のこれまでの経験で得たことを若い人たちに伝えられたらと思っています。

第2章

世界一危ない!? 日本の農産物

1. 肥料、農薬、除草剤を使わない理由

木村

リンゴも人間も自然の一部でさ、自分一人では生きていけない。自然の中で生かされているの

私は青森県弘前市に4つのリンゴ畑を持っています。

合わせて278aの畑には、およそ800本の木があり、つがる、紅玉《こうぎょく》、紅月《こうげつ》、ジョナゴールド、ふじ、王林《おうりん》、そしてハックナイン……7種類のリンゴが育っています。

ハックナインはサイボーグみたいな名前だけど、熟すと甘く、果汁も多いのでジュー

スに適しています。ただ、味にばらつきがあって、「すごくおいしいリンゴだ！」とほめられることもあるし、「こんなまずいリンゴを食べたのは初めてだ」と嫌がられることも（笑）。病気にもかかりやすいので、栽培しにくいリンゴの代表と言われているんです。けれど熟したとなるとこれほどうまいリンゴはない。いちばん好きなリンゴです。果肉が柔らかいから歯がない私でも食べられるのな（笑）。

青森にリンゴがやって来たのは明治8（1875）年。政府から3本の苗が県庁に送られたのを機に栽培が進み、今では生産量は日本一になり、全国の57・3％を占めています（平成26年調べ）。なかでも弘前はいちばん多く、日本のリンゴの約20％を生産しています。

私が肥料、農薬、除草剤を使わない自然栽培をやろうと決意したのは、女房が農薬に弱い体質だったからです。結婚してリンゴ農家の木村家に養子に入ったのは昭和47（1972）年。当時の農薬は、今よりも強いものでした。

リンゴにはアブラムシやハマキムシ、シャクトリムシなどいろいろな害虫がつきます。また黒星病《くろほしびょう》や斑点《はんてん》落葉病などさまざまな病気で葉が枯れます。それを防ぐには農薬や殺菌剤の力を借りるしかなかったのです。農薬は一般には新芽が出て10日ごろに最初の散布を行い、そのあとはＪＡから渡される「防除暦」という農薬散布のカレンダーに従って収穫までの半年間に11回も散布を行うのです。

当時の農薬はダイホルタンや、硫酸銅と生石灰を混ぜた石灰ボルドー液などで、リンゴの葉っぱが真っ白くなるまで散布していました。今は気密性の高いジャンパーがありますが、当時は古着を着て作業していたので、どうしても顔や首筋や手首など肌が露出したところに農薬がかかってしまい、強アルカリ性だからやけどのようになり、皮がべろんとむけてしまうのです。女房は一度農薬を散布すると１週間は寝込んでしまい、ひどいときは１ヵ月も畑に出られなかったことがありました。

女房の苦しそうな姿を見るうちに、農薬なしでリンゴができないかを考えるようになったわけです。

そんなときに愛媛県で自然農法で野菜を作っている福岡正信さんの本に出会いました。土を耕さず、草も抜かず、農薬や肥料も施さないでイネを作る。すがるようにして何十回と読みました。けれどイネの作り方は書いてあってもリンゴの作り方は書いてなかった。虫や病気に弱いリンゴは農薬なしではできないと言われていたんです。

こうなると自分で試してみるしかないよな。

昭和53（1978）年4月、義父に承諾をもらって岩木《いわき》山麓の88ａのリンゴ畑で無農薬の栽培を始めました（わらや樹皮を発酵させた堆肥は施しましたが、化学肥料は使いませんでした）。

見事に失敗です。

斑点落葉病にかかりほとんど落葉してしまい、9月には翌年咲くはずの花が咲いてしまいました。これは翌年は花が咲かない、つまり実を結ばないというサインです。

でも挑戦には失敗はつきものだから、これくらいではあきらめなかった。翌年、別の120ａの畑でも着手。肥料を施すこともやめましたが、こちらも失敗しました。

ところが自家用の米やキャベツ、ナスやキュウリなどの野菜や、ナシやブドウといった果樹は無農薬、無肥料でも収穫できるのです。リンゴだって絶対にできるはずと自分を奮い立たせました。

さらにその翌年には残りの80ａと20ａの畑でも挑戦しました。酢、焼酎、ニンニク、小麦粉、塩、牛乳……思いつくものをすべて農薬の代わりに散布しましたが効果はなし。その翌年も、さらに次の年も希釈率を変えるなどして試してみましたが、結果が出ないどころか害虫の被害も増えてきて、年々リンゴの木が弱っていきました。

「かまど消し」「ドンパチ」と罵《ののし》られたのもこのころです。かまど消しは、かまどの火を消す者、つまり破産者という意味で、ドンパチはバカよりもたちの悪い、救いようのないバカのことです。

けれど私も津軽《つがる》で言う「じょっぱり」、頑固者なんでしょうね。けっしてあきらめなかった。畑の状態は悲惨になる一方でしたが、農薬の代わりになるものを何百種類も試しながらも、妻や義父とビニール袋を持ってハマキムシなどの害虫を、毎日毎日朝から晩まで手作業で取り続けていきました。合計すると何万匹取ったかはわかりませんが、それでも害虫は次から次にわき出てきました。

しかしこれが5年も続くと心も折れて、金も底をつく。周りの畑からは、

「農薬を使ってないおまえの畑から害虫が飛んでくる。さっさとあきらめて農薬を使え！」

「少しは家族のことを考えろ！」

とクレームが毎日のようにくる。

本当に家族には迷惑をかけました。

長女が小学校6年生のとき、「お父さんの仕事」という題の作文には、

「お父さんの仕事はリンゴ作りです。でも、私はお父さんのリンゴを一つも食べたことがありません」

と書かれてあった。これはズシンときたな。

農薬を使えば楽になれる。けれどもしかしたら……という希望も消えない。農薬を使わずにリンゴができたらどれだけ女房が喜ぶか。けれど現実は悪化するばかりです。

リンゴの木には一本一本声をかけていたのですが、6年目を迎えるころになると根元が弱って押すだけでグラグラ揺れる始末で、「実ってくれ」とはとうてい言えず、

「どうか枯れないでください」

「耐えてください。頑張ってちょうだい」

と頭を下げるしかなかったのです。

けれどどんどんどんどん枯れちゃうの。少しも上向く気配はありませんでした。

そして無農薬を始めて7年目の夏、もう精も根も尽き果てて、生きていても家族に迷惑をかけるばかりだから、死んでお詫びをするしかないと首をくくりに岩木山に向かったんです。

月明かりだけが頼りの夜の山道を2時間ほど登り、ここいらあたりでと立ち止まった

2015年夏、今でも木村さんのリンゴ畑からは、毎年、豊かな実りが収穫される

ときに目にとまったのが1本のドングリの木でした。驚きました。なんと見事に枝が伸び、葉がつやつやと茂っていることか。しかもこんな山の中で農薬をまいているはずないのに、アブラムシなどの害虫が1匹も見当たらないのです。6年間、農薬の代わりになるものを何百種類も試してきたのに較べて、このドングリは農薬を必要としていなかったわけです。

さらに心を奪われたのが、私の肩までに伸びた雑草に覆われた土のやわらかさでした。手に取ってかいだ土のやさしいにおいでした。雑草を抜いてみると根の先端まですーっときれいに取れます。

目から鱗《うろこ》が落ちるとはこのことだな。

振り返れば私の畑では雑草を敵視してすべて刈り込んで、土はとても硬かった。それだと木の根は窮屈《きゅうくつ》で仕方なく根を伸ばそうにも伸ばせず、抜いてみても途中でプチッと切れた。土のにおいもやさしくなかった。

それは土の中に微生物がほとんどいなかったからではないのか……。

私は地上の葉っぱの状態ばかり気にしていて、地中のことを少しも考えていなかったのです。観察を続けていると、ドングリの周りでは、アリやチョウ、バッタなどが元気よく動き回っている。

木も土も虫も、そして土の中にいる微生物もみんな共生していたのです。

リンゴも人間も自分一人の力で生きているわけではない。自然の一部で、周りの自然の中で生かされているわけだ。

そうだ、畑の土を山の土に戻せばいい！

確信でした。急に楽しくなってきて、首をくくろうと思ったことなどはすっかり忘れて喜び勇んで山を下りました。

まずは畑の雑草を刈るのをやめ、土中に養分を与えるために大気中の窒素を土に還元する働きがあるダイズを植えました。すると雑草はすくすく伸び、翌年の夏はリンゴが落葉しなくなりました。畑の中ではチョウが舞い野ネズミや野ウサギが走り回り、カエルは害虫のガの幼虫を食べ、大発生したミミズは微生物を含んだフンをたくさんして、畑の土を肥沃《ひよく》にしてくれました。

やがて畑の土が山の土のように変わっていきました。いろいろな雑草の根にさまざまな菌類やバクテリアが集まり、畑の土に養分を供給してくれたのだと思います。

これで肥料を施す必要はまったくなくなりました。

しかも必要なときに必要な養分を吸収しているので、肥料分が多すぎるということもなく、見事なバランスが保たれているのです。そのため余った養分を目当てにやってくる害虫が来ることもなくなりました。

これで農薬を散布する必要もなくなったのです。

さらにその翌年、リンゴの木はいちだんと元気を取り戻したようで、最初に無農薬をはじめた88ａの畑から7つの花が咲いたのです。そして秋にはたった2個ですがゴルフボールほどの小さなリンゴが実りました。品種はふじでした。

翌年の昭和63（１９８８）年、88ａの畑全体が満開。他の畑も少しずつ開花していった。無農薬を開始して11年目のことでした。

高野

木村さんの11年間の苦難の日々は、私の心の琴線に触れた。いや、触れたなんてものじゃない。心の琴線に火がつきました

農業の世界に入った理由は、市長のパワハラが原因でした。

私は羽咋《はくい》市で40代、５００年以上続いている日蓮宗《にちれんしゅう》の寺の次男として生まれました。大学を出てからは東京でテレビの構成作家となり、「11ＰＭ」をはじめＵＦＯの番組に関わって楽しく生活していました。

しかし昭和58（１９８３）年に、兄が寺を継がないと決めたので故郷に戻り、羽咋市役所の臨時職員になったのです。

しばらくしてから「町づくり、村おこし」という命題を与えられたのですが、そのときに町の古文書に「神力《しんりき》自在」に怪しく空を飛ぶ物体が出てくる一文を見つけ、ＵＦＯで町おこしをしようと閃《ひらめ》きました。そこでダメ元でＮＡＳＡに頼んだら月の石を貸してくれて、スカイラブ4号の宇宙飛行士、ジェラルド・カー博士を呼ぶこともでき、羽咋で「宇宙とUFO国際シンポジウム」を開催。大成功を収められたので晴れて吏員《りいん》、正式な公務員になれたのです。33歳のときでした。

以降はNASAの本物のマーキュリー・レッドストーン・ロケットや火星探査車のルナ／マーズ・ローバーが置かれた宇宙博物館「コスモアイル羽咋」を作るなど頑張ってきたのですが、市長は言うことを聞かない私がうるさかったんでしょうね。やることなすこと気に入らないようで、しまいには「おまえを農林水産課に飛ばしてやる」と言われ、実際に異動させられてしまいました。そこではじめて農業と向き合うことになったのです。平成14（2002）年のことでした。

実際に農家を訪ねてみると愕然《がくぜん》としました。65歳以上の高齢者が50％以上いると限界集落と呼ばれるのですが、山間部の神子原という地区は57％も高齢者が占めているほど深刻な状況でした。しかも20年間で37％も人口が減少するなど離村率もすごく高かった。小学校は閉鎖、保育所は取り壊し。このままでは集落がなくなってしまいます。

なにより驚いたのは農家の年間所得が87万円ということでした。

それまで役所は何をやっていたんだという憤《いきどお》りとともに、生産者の皆さんをなんとかしたいという気持ちがふつふつとわき起こってきました。

幸いなことにそりが合わなかった市長は去り、理解のある方が新市長となったので、腰を据えて限界集落の脱却に取り組むことにしたのです。

とはいえ高齢者の方が多いから、残された時間はあまりありません。

まずは使ってない古民家に若い人間を入れました。けれど来る人間は村の人に選んでもらいました。なぜなら「来てください」とこちらが頭を下げると、「よそ者」が来てしまうからです。村の人が求めているのは、朝の掃除や村の祭りなどに一緒に汗を流してくれる人。村を心から好きになってくれる人です。だから村の人が「この人だったらいい」と思える人に住んでもらったのです。定年リタイア組はお断りしました。年配者が来ても村の平均年齢は下がらないからです。

次に特産物を見つけました。神子原の棚田《たなだ》できれいな山の水により穫れたコシヒカリです。平成8（1996）年の『日経ビジネス』11月号で、神子原米は「全国の美味しいお米ベスト10」で3位に入るほど評価されていたんです。小粒だけどもちもち弾力があり、「冷めてもおいしい」と料理関係者からもお褒《ほ》めの言葉をいただいていた。けれどせっかくの売り伸ばしのチャンスだったのに、役所では他人事のように「よかったね」で終わり。なにも手を打ってなかったんです。農林水産課に異動したあとで私はこの話を聞き、なんという役所の怠慢《たいまん》なのかと呆《あき》れてしまいました。

では、どのようにして神子原米を売っていくか？

人は憧れの存在が持つものと同じものをほしくなり、食べるものを食べたくなります。女優のグレース・ケリーが使ったエルメスのケリーバッグなどがいい例です。それでは米となるとだれか？

もちろん天皇・皇后両陛下です。皇室御用達米にしたい！

早速動きました。調べたら宮内庁に加賀前田《かがまえだ》家の18代当主の前田利祐《としやす》さんがいらっしゃった。羽咋市は旧加賀藩です。そこで市長にも同行をお願いして東京へ面会に行ったんです。

「加賀藩ゆかりのコシヒカリですか。いいですね。早速料理長に、今晩から召し上がっていただくようにお願いしましょう」

なんと前田さんから、いきなりＯＫが出たのです。嬉しかったなんてものじゃない。菊の御紋に、天皇・皇后両陛下御用達米と書いたポスターやのぼりのデザインが頭の中に浮かんできて、「これで売れるぞ！」と、その夜は市長たちとどんちゃん騒ぎですよ。しかしホテルの部屋に帰ってみると、電話にメッセージランプがピコピコ光っていた。再生すると宮内庁からでした。

「先ほどのことはなかったことにしてください」

と。陛下が召し上がる米は「献穀田《けんこくでん》」からのものと決まっていて、神子原米が入る余地はなかったんです。酔いがすーっと醒めました。

次に考えたのはコメ、こめ、米……そうだ、米国アメリカのトップだ！ ブッシュ大統領へ送ることを思いつきました。ええ、勝手な決めつけです。けれど自主規制してなにもアクションを起こさないのは私のやり方ではありません。アメリカに米を送りました。

さらにこんなことも考えました。コメが穫れる神子原は、神の子の原、これを英訳すると「The highlands where the son of God dwells」。「サン・オブ・ゴッド」とは神の子、となるとイエス・キリストしかいません。神子原は「キリストが住まう高原」としか訳せないんです！ キリスト教で最大の影響力がある人は誰か？ 全世界で11億人の信者数のいるカトリックの最高指導者・ローマ教皇しかいません。そこですぐに手紙を出しました。

そしてしばらく経ってから東京にあるローマ法王庁大使館からお呼びがかかったのです。市長にすでに決まっていたスケジュールを変更してもらって同行してもらい、新米を45kg持参して大使のカステッロ氏に面会しました。そこで大使が、

「あなたがたの神子原は500人の小さな集落ですよね。私たちバチカンは800人足らずの世界一小さな国なんです。小さな村から小さな国への架け橋を我々がさせていただきます」

と言ってくれて、献上品として認めてくれることになったのです。同行をお願いした地元の北國《ほっこく》新聞やカトリック新聞が記事にしてくれたので、そこから火がつき、NHKや読売新聞、産経新聞でも紹介されたので、神子原米は飛ぶように売れるようになりました。ちなみにローマ教皇へ献上された米は神子原米が初めてで、当時の教皇ベネディクト16世は、ライスボールにして召し上がられたようです。

ほかにも手を打ちました。

神子原米の袋の文字をエルメスのスカーフをデザインした書道家の吉川壽一《よしかわじゅいち》さんに書いていただいたり、人工衛星の近赤外線（可視光線に近い赤外線）により米の食味分析

をして、うまい米とそうでない米を分けて流通に卸したり、神子原米から世界一高い日本酒を造って外国人記者クラブでお披露目したり、生産者が自分が作った農作物に値段をつけて売る直売所をオープンさせたり……。やれることは次々に仕掛け、そのたびごとにマスコミを呼んでニュースや記事にしてもらいました。

そして神子原地区は3年も経たないうちに10を超える若い家族が移住し、赤ちゃんが生まれた家もあったので平均年齢も下がって限界集落から脱却できました。そしてローマ教皇への献上米によるブランド化や直売所の成功もあって、農家の所得も大幅に伸ばせることになったのです。

「可能性の無視は最大の悪策」「人の役に立つのが役人」をモットーにこれまでやってきました。

そして平成21（2009）年に木村さんと会って、これこそ日本の農産物のすごさを世界に広める唯一の道と確信し、自然栽培の普及に力を尽くすことになったんです。木村さんのリンゴが実るまでの11年間の苦難の日々を思うと心の琴線《きんせん》に触れた。いや、触れたなんてものじゃない。心の琴線に火がつきました。

2. いつまでも「奇跡のリンゴ」と呼ばれたくない

いつまでも「奇跡のリンゴ」と呼ばれているようではいけないと思うのな。早くこの栽培方法が当たり前にならないとな

昭和62（1987）年に最初に無農薬をはじめた畑で小さなリンゴが2個実り、翌年にようやく花が満開、11年目でようやく自然栽培でのリンゴ作りに成功したわけですが、それからはあちこち行商に出かけました。化学肥料を使ってないから形は不揃いだし、色も鮮やかではない。それに最初のころは実がとても小さかったの。だからそっぽ向かれたことが何度もありました。

そして行商3年目を過ぎたころから、ぽつぽつ地元の新聞でもリンゴを取り上げてくれるようになり、弘前の「レストラン山崎」のオーナーシェフの山崎隆《やまざきたかし》さんと出会い、意気投合してから山崎さんは「木村秋則さんの自然農法栽培リンゴの冷製スープ」をメニューに加えてくれるようになったのです。そこから少しずつお客さんが増えてきました。

高野さんは「自然栽培の野菜や果物は腐らずに枯れる」と書きましたけど、私の育てたリンゴは何年経っても腐りません。甘い香りを放ちながら枯れていくので「奇跡のリンゴ」と呼ばれるようになりました。

でも、なんといっても、平成18（2006）年にNHK「プロフェッショナル　仕事の流儀」に出てから、わーっと広まっていったな。

肥料、農薬、除草剤を施さないで育てる自然栽培を、種をまいたら、あとは放ったらかしにする「放置栽培」だと思っている方が多いようですが、大きな間違いです。

自然栽培で大切なことは、土を育てること。そして作物の能力を引き出すことです。

そのためには人間のお手伝いがとても重要になってくるのです。とにかく観察が大事なのです。

たとえば米の例をあげて説明しましょう。

まずは春までに土を乾燥させます。もともとイネの原種は陸の植物なので、乾かすことにより乾燥を好むバクテリアの働きが活発化してきます。ここはとても重要なポイントです。

ヒビが割れるほど十分乾燥させた後に土を耕します。このときは粗《あら》く耕すこと。小さくても10㎝くらいの大きさまでです。土の間に空間を作ることで微生物がより活性化し、自然の肥料となる無機態窒素が増加するからです。多くの農家は丁寧に耕しますが、イネにはよくありません。「あいつは手抜きしている」といわれるくらいがちょうどいいのです。そのあとで生わらを敷き、水を張ります。

はじめのうちは一般栽培のほうが早く育ちます。けれどそれは土から上の話で、自然栽培のイネは、その間、土の中でしっかり根を生やしているのです。やがて自然栽培のイネは一般栽培のイネを追い越していく。

夏になると一般栽培では田んぼの水を抜きますが、自然栽培はそのままにしておきます。そうするとイネは刈り取りまで水を吸い続けるので、さらにしっかりと根が生えて、大人の男が抜こうと思ってもなかなか抜けないほどになる。葉っぱも丈夫なので触るだけで手が切れてしまうこともあります。肝心の米にも栄養がゆきわたって一般栽培のものより丸みを帯びて体積があります。１本あたりのイネの米粒の数は一般栽培よりも少ないのですが、重量は変わりません。

そしてなによりおいしいの。

このように自然栽培の作物は重量があるのが特徴です。細胞分裂して大きくなるからです。一方で慣行栽培の作物は栄養（肥料）を与えられすぎて水ぶくれみたいに細胞が肥大する。だから病気にもかかりやすいし腐りやすくなるんです。スーパーで売っているトマト、大きいでしょう。しかし切るとゼリー状の周りに空洞がある。ところが自然栽培のトマトはゼリー状の部分が少なく空洞もほとんどない。だから小さなトマトでも慣行栽培の大きなトマトより重いんです。そして水に沈む。

自然栽培のモモも沈みます。だから昔話の『桃太郎』で、ドンブラコと大きなモモが川を流れてきたというのは嘘じゃないかよってな（笑）。あのころは化学肥料なんかなかったはずだからな。

冗談はさておき、果樹の場合は葉っぱの葉脈《ようみゃく》を見ることが大切です。葉脈は木の設計図のようなもので、葉脈の形通りに枝を伸ばしたいということを表しています。上下逆にすると根の設計図にもなります。だから、その形通りに枝の剪定《せんてい》をすると、はるかに実りが多くなります。ところが化学肥料を使うと葉脈が狂う。同じところから2本の線が同時に出るなど、バランスが崩れてしまうんです。また剪定のときは害虫の卵を見つけ、取り除くことも重要な仕事です。

私はリンゴの木の剪定を雪解けのころにしますが、そのときは葉っぱは1枚もありません。葉脈を見て剪定できないじゃないかと思われるかもしれませんが、私は数十年も自分の畑のリンゴを1本1本観察し続けてきたので、それぞれの木の葉脈はすべて覚えているのです。

このように自然栽培では、「目が農薬」「手が肥料」の役割を果たすのです。肥料、農薬、除草剤をたっぷりまいたあとは手を動かさず観察もしようとしない慣行栽培のほうが、私には放置栽培のように思えます。

たとえば赤ちゃんが生まれたら、おっぱいをあげたり抱っこしたりおむつを換えたり、親が愛情たっぷりに育てるでしょう。赤ちゃんがぐずったりすると「眠いのね」「おしっこしたのね」とすぐにわかります。母親がよく赤ちゃんを観察しているからです。肥料や農薬を与えるのは、赤ちゃんがあまりお腹が空いていないのにもかかわらず筋肉増強剤を与えたりするようなものです。

体にいいわけがありません。

ここでの最後に自然栽培の心得をお伝えしましょう。自然栽培を始める農家の皆さんに必ずお伝えしていることです。

①土作りには3年かかると心得ること
②生産者によって収穫のばらつきがあると知っておくこと
③これまでの農業の常識を捨てること
④一般栽培や有機栽培の実施者とのトラブル回避に心をくだくこと
⑤自らが確立した技術を独り占めせず、いっさい隠さず伝えること

自然栽培のリンゴも、いつまでも「奇跡のリンゴ」と呼ばれているようではいけないと思います。

早くこの栽培が当たり前にならないとな。

高野

愚か者は天才に気がつかないんです。木村秋則って人は天才ですよ。木村さんに最初お会いしたとき、「先生は国宝です。国の宝です」と言ったんです

木村さんが書かれたように、いつまでも「奇跡のリンゴ」と呼ばれているようではダメなんです。自然栽培の農家を増やして生産量を上げて、だれもがスーパーやコンビニで手軽に買えるようにしなくてはならないと思います。

現状、自然栽培の田んぼは、日本全国の米の耕地面積で見ると、わずか0・002％と、とても少ないんです。普及のスピードを加速させないといけない。

そのためには国の主導で自然栽培を全国規模で後押しする国策化がいちばんの近道で、政治の力が必要になってきます。地方創生担当大臣（当時）の石破茂さんに直談判《じかだんぱん》

した理由はそこにあります。本当は農林水産省と組むのがいいけれど、同省のOBは肥料メーカーや薬剤メーカーに多数天下りしているので、農薬、肥料、除草剤を使わない自然栽培とはとうてい相容れない。

また、行政や農業関連企業のアドバイザーになっている学者の壁もあります。自然栽培は、明治維新以降伝えられてきた、農薬や肥料を使う西洋の農学を根底からひっくり返すものです。彼らがそれまで学び、研究し、学生たちに教えてきたことに「それ、違ってますよ」「あなたは間違ったことを学生たちに教えてきたんですよ」とレッドカードを出すようなものだから、学者たちは意地でも認めません。

けれどそこで八方塞《ふさ》がりだとあきらめては日本の農業の可能性に蓋をすることになる。

そこで石破さんのほかにも国会議員や閣僚関係者、ファーストレディーの安倍昭恵さん、そして有名外食企業のオーナーたちに働きかけて、自然栽培を巨大産業にしていこうじゃないかと訴えているわけです。

アカデミックなところでは、世界的に権威のあるアメリカのスタンフォード大学やハーバード大学の博士たちにもコンタクトを取って、来日したときは、自然栽培の現場を案内して一緒に組んでなにかできないかと提案しています。私はダラダラやるのが嫌いなので、要となるキーパーソンを見極めたら直接乗り込んでアタックするのです。

とはいえ自然栽培を始めた農家にも問題があることも事実です。3年も4年も放ったらかしになっている農薬や肥料、除草剤などの外部資材が抜けきった遊休農地を行政が農家に提供すれば問題はないんですが、農薬や肥料を使う慣行栽培から自然栽培に切り替えた人は、土の中に残留肥料などがあるからバランスが悪くて、3年間はほとんど収穫できないから耐えきれなくなる。で、「木村さんに騙《だま》された」と化学肥料をまいちゃうんですよ。自然栽培は始めて4年目からよくなるんです。バラ色の人生を夢見てはじめたのに、とてももったいないことです。

木村さんを信じて我慢すればいいのに、それができない。言葉は悪いけど、愚か者は天才に気がつかないんです。木村秋則って人は天才ですよ。木村さんに最初お会いしたとき、

「先生は国宝です。国の宝です」

と言いました。

自然栽培こそ日本を救う道だと確信したからです。

3. 自然治癒力が上がり、アトピーやがんが治った！

木村

私、大事なものは目に見えないという言葉をよく使うの

私、本当に自然は賢いと思います。

肥料や農薬を使わないでリンゴが実るようになったら、余分な肥料を狙ってやってくる害虫が年々減っていき、10年を過ぎるころになると大量発生していたハマキムシが1匹もいなくなりました。木も土の中にしっかり根が生えるようになったので、台風が来

ても木が倒れることは少なくなった。病気はありましたが、驚いたことに葉っぱ自らが病気になった箇所を枯らして落とすようになったのです。慣行栽培では病原菌に冒された葉は枯れていきますが、自然栽培で育てたリンゴの葉は、患部が広がっていくのを抑えるためにその部分のみ枯らして落としていく。

葉を裂いてみるとラップのような薄い透明な膜で覆われていました。これがハマキムシなどの害虫や斑点落葉病などの病原菌から葉っぱを守っていたのだと思います。このようにリンゴが本来備えている免疫力を高めるには、いかに土の中にいるバクテリアなどの微生物の働きが大切かということがよくわかりました。

それまで私は土の上しか見ていませんでした。けれど大事なものは土の中にあったんです。

大事なものは目には見えないんだな。

いっぽうで肥料、農薬を使うとこのような膜はできないので、害虫や病原菌の攻撃をもろに受けて、耐えきれずに枯らしてしまうんです。

ちなみに自然栽培で育てた野菜、たとえばダイコンの葉っぱは薄い黄緑色です。それに較べて慣行栽培の葉っぱは濃い緑色をしています。一見、濃い緑色のほうが生命力も強くて栄養も豊富なように見えますが、実はそうではないの。自然栽培の野菜には先ほどの膜が葉を覆っているために色が薄く見えてしまう。けれど慣行栽培のほうは膜がないために色が濃く見えてしまう。

つまり葉っぱが裸の状態ということだから病気になりやすいのです。

安心、安全な野菜の葉は、薄い黄緑色ということを覚えておいてください。

自然治癒力といってもいいこのような力を持った自然栽培の農作物が、人間の治癒力にもいい影響を与えるのは容易に想像できます。

日本にこれだけがん患者がいて、アフリカにはそれほどいないのはなぜか？

肥料、農薬が使われていない自生している作物を食べることが多いアフリカの食生活にも大きな理由があるのではないのかな。自然栽培の作物は、免疫力や自然治癒力を高める大きな役割を果たすと私は確信しています。

今問題になっている、うつやアトピーもしかりです。

私のもとには自然栽培の米や野菜を食べるようになってから、

・アトピー性皮膚炎が軽くなった
・花粉症が治った
・ぜんそくの症状が出なくなった
・偏頭痛が治った
・風邪をひかなくなった
・頑固な便秘が解消した

という声が全国から次々に寄せられています。なかには「70歳を超えた父に黒々とした毛が生えてきた」「親の認知症の進行がゆるやかになった」と言う人もいました。米や野菜だけではなく味噌、醤油、塩などの調味料も自然栽培のものを使われている人のほうが、より体質が改善されているようです。

今は医学が自然栽培に着目しています。

3年前から横浜国立大学大学院環境情報研究院土壌生態学研究室の金子《かねこ》信博《のぶひろ》教授が私の畑を調べていて、この6月に弘前大学で「木村秋則の畑を科学する」というテーマで発表したんです。

なぜ私の畑のリンゴは30年以上も肥料を与えていないのに生産が可能なのかと。

ふつうならば収穫物が畑から養分を吸い上げていくからリン酸欠乏になって土が痩せてしまい、作物が実らなくなるはずです。しかも葉っぱを調べると多量のリン酸が検出されて、果実には亜鉛がとても多く含まれていることがわかりました。

その理由として考えられているのがＡＭ菌（アーバスキュラー菌根菌）という土壌菌らしいんです。この存在が肥料や農薬を使わなくても永続栽培を可能にしているんじゃないかと。まだ研究の段階ですが、私も注目しています。

このような土壌菌の働きが人体にも役に立つのではないかと、大学の医学部が農業の分野にも目を向けて腸内菌の研究も進めています。京都大学医学部と京都府立大、京都府立医科大が、私のリンゴから取り出した成分でラットを使って新しい抗がん剤の試験をしているんですよ。今のところがん細胞は１００％まではなくならないけれど、縮小したということまでわかってきた。そして生命活動にもほぼ影響ないと。

まさに自然は病院という感じです。漢方だけが自然の薬じゃないわけです。食べながら健康を保持できるということを医学のほうで証明していけば、この自然栽培もさらに付加価値が出てくるのではないかと期待できます。

木村が言っていたことは嘘じゃなかったとな。

これが証明されるとリンゴ産業や地場産業の育成にもなる。ただの6次産業ではなくて、6次産業を超えた6次産業になりそうな気がします。

だから私は、いつまでも元気でリンゴ畑に立ってないといけないのな。

高野

木村さんが作るリンゴは微生物の塊。電子顕微鏡で見ると、気持ち悪いくらいにうじゃうじゃいます

「腸内フローラ」という、お腹の中にいる微生物が人間を健康にしてくれ、認知症を防いだり、発がんを抑制してくれるということが学術的にも注目され、各メディアでも取り上げられています。

私の知っている限り、自然栽培の米や野菜を日常食べることで食道がんが消えた人が5人います。中には末期がんの人もいました。抗がん剤は使っていないのに、なぜなんだと。木村さんが書かれているように、その因果関係に着目する医者もこのごろ増えてきているようです。

木村さんが作るリンゴは微生物の塊《かたまり》で、電子顕微鏡で見ると、市販されているものの8倍から10倍もいるんですよ。気持ち悪いくらいうじゃうじゃいます。そのリンゴを食べると、微生物が胃の中、腸の中に入って行く。それらが体の修繕や修復をしてくれているんじゃないかということです。

薬事法があるので細かくは言えませんが、体内微生物が人間の身体に与える影響は相当あると私は思っています。羽咋市の自然栽培の実践田ではカメムシが異常発生するということはありませんでした。クモやトノサマガエルがきっちり食べてくれたおかげです。それと同じことが体の中の目に見えないところで行われている。体内でできた何かの異物に対して微生物が働いてくれて、人間の体を修復してくれて、元の正常な状態に戻してくれているような気がしてなりません。

微生物は本当に偉大です。

羽咋市では今年から小中学生の給食に自然栽培の食材が提供されるようになりましたが、これからは子どもの給食だけではなく、病院食にも使われることを期待しています。この可能性を考えるとものすごく広がるんですよ。このような微生物医学とでもいうべき新しい研究がされていく時代が必ず来るはずです。その先鞭《せんべん》を日本人の私たちがつけていけると思うんです。

健康に関して言えば、世界保健機関（ＷＨＯ）は平成28（２０１６）年3月に、とても深刻な報告を発表しました。

「2012年に大気や水、土壌などの〝不健康な環境〟に起因する死者が世界で推定約1260万人に上った」

と。これは全死者の23％にあたり、大気汚染、不衛生な水、紫外線、そして農薬の使用などが健康へのリスク要因として挙げられています。WHOは各国政府に対策を急ぐように呼びかけたそうです。

人間の体もそうですが、地球環境を健康な状態にするためにも消費者の皆さんは、農薬や化学肥料を使う農業に「NO！」というアクションを起こす必要があります。

それほど今は危険な状況なのです。

4. 巨大組織のＪＡとどう闘うか

木村

ＪＡに勧められるがままに化学肥料、農薬、除草剤を使ってきたから、人が温暖化をよ、育ててきたわけだ。このままではまずいことになるよな

日本がやっているのは集約農業だから、狭い田畑からより多くの農作物を収穫しなくてはいけません。農林水産省が今年発表したデータでは、農業人口は２００万人を割って１９２万２２００人。平均年齢は平成27年のデータになりますが66・４歳です。年々人口は減って高齢化しているから、農作業の軽減化のために肥料、農薬、除草剤が尽くしてきた功績ははかりしれないと思います。だから私も否定はしません。

ある意味その功労者がＪＡです。

ＪＡが種や苗、肥料、農薬、除草剤や農機具までを農家に売り、農家からは生産物を買って、支えてきた。果樹ごとに異なる農薬の種類や散布時期を教えてきたのもＪＡです。

ＪＡは農家によって組織された協同組合で、大多数の農家が組合員になっています。現在、正組合員数は４５６万人（平成27年調べ）と農業人口よりも多い。これは農業をリタイアしても組合員のままでいる人が多いからです。種や肥料、農薬、農業機械の供給や生産品を買い取り販売するのがおもな仕事となっています。それ以外にも銀行や共済（生命保険と損害保険）、病院に観光事業や不動産、冠婚葬祭……ありとあらゆるジャンルで農家の生活に密着しています。

ただ、ＪＡの勧めるがままに肥料、農薬、除草剤を長い間使ってきたから、温暖化に代表されるような間違いが起きてきたわけですよ。

温暖化という一つの生き物を、知らない間に人間が育ててきたわけです。

それが巨大化して、今、地球を覆っているわけだな。で、想定外の自然災害をもたらすようになっている。

このままではまずいことになるよな。温暖化の進行に歯止めがかからないというけれど、人間が起こしてしまったのだから、抑えるのも人間がしなくてはいけません。

これからを考えたとき、私が提唱する「使わない農業」に世界中が取り組んだら、温暖化という生き物を、だんだんだんだん小さくしていけるんじゃないか。肥料、農薬、除草剤を売るＪＡからの自立を真剣に考えたほうがいいと思うんですよ。

ＪＡは長年政治家と手を結んでいるから、絶大な力を持っています。政治家たちも選挙資金をもらっている以上ＪＡの言うことは優先して聞く。組合員もＪＡがいつも生産物を買ってくれるので、向上心を持たなくなった人が出て来たり、ＪＡをやめたらどこでどのように作物を売ったらいいかわからないので抜け出せないわけです。それほどまでに影響力が強いんです。

まあ私みたいな異端児だと、ＪＡのほうから除名してきたわけだけどな（笑）。

自然からの警告という言葉はよく使われますけれど、警告でなくて、自然はいつでも待ってるんじゃないかと思うの。な。

自然は人間と同居できるように待ってるけど、人間がやらないだけです。だから羽咋市に44年ぶりにトキは戻ってきたんでしょう。それもいつでも人間が変わるのを待ってるよということを伝えているのではないかと思うんですよ。

原発は事故が起きると、放射能汚染から抜け出すには何万年もかかるそうだけど、温暖化をストップさせるには、世界中の農家が真剣に自然栽培に取り組めば、それよりは時間はかからないと思う。そのために私があちこち歩いて講演してきたわけですよ。30年近くも。

また今のＪＡのシステムではない、第二の農協のようなものがあればと思っています。

余談になりますが、果物の生産地で有名なある村にはカはいません。刺される心配がないので、夜も窓を開けて静かに眠れるそうです。快適ではありますが、これ、とっても怖ろしいことなの。

農薬の威力は本当にすさまじいものです。

高野

JAは自然栽培にとって最大の壁です。けれど味方につけると、自然栽培の普及が加速する

酪農家にとってJAの縛りは想像以上に大きいものがあります。牛や豚に食べさせる飼料の問題です。JAは海外から輸入したトウモロコシなどを配合飼料として酪農家に販売していますが、そのほとんどが遺伝子組み換え作物だそうです。

岩手県の岩泉《いわいずみ》の山間地で、牛を畜舎に戻さない昼夜型放牧でのびのびと健康な乳牛を育てている「なかほら牧場」の中洞正《なかほらただし》さんによると、ほとんどの酪農家は生産性だけを追求して、牛に遺伝子組み換え作物の輸入飼料を与え、サプリメントを飲ませ、抗生物質を打ち、そして狭い畜舎で育てている。そんな牛乳が安全と言えるわけありませんよ。

なぜそんなことが起こるのか？

行政の指導により乳脂肪分が3％以下では、「牛乳」として売れないからです。中洞さんのように牧草で育てると季節によって乳脂肪分のばらつきが出るから、みんな輸入飼料を与えざるをえないのです。

また酪農家はＪＡを通してでないと補助金を得られません。ＪＡが勧める遺伝子組み換え作物が入った輸入物の配合飼料を使わないと資金調達ができなくなるシステムなんです。行政とＪＡが招いたとんでもない間違いです。

一般の牛乳は置いておくと腐ります。１２０℃殺菌したものは2週間はもつけれど、そのあとは急激に腐る。しかし、なかほら牧場の牛乳は発酵してチーズになる。牛乳も体に悪いものは腐るんですね。

自然栽培を進めるうえでも農薬、肥料、除草剤を扱うＪＡは最大の壁になります。けれど対立ばかりしていたら話は進まない。ただ、一度味方につけるとＪＡの力はとても強いから、自然栽培の普及がぐんと加速する。

私はＪＡの協力を仰ぐために、ある工作をしました。

木村さんが羽咋で第1回目の講演をするときに、実行委員長をＪＡに依頼したので

す。ＪＡはくいの芝田正秀《しばたまさひで》組合長（当時）のところに直接乗り込んで、

「組合長、今度農業に関する講演会をやるんですけど、実行委員長をやってもらえませんか？」

と聞きました。自然栽培の話はまだ隠しておきました。

「講演会？　おお、いつでもええわい」

「でもお話しされるのはちょっと変わった人で……。農薬、肥料、除草剤をいっさい使わない農家なんです」

「なに！」

組合長はひっくり返りそうになりました。そりゃ当然です。

「でも、組合長、この人の作るリンゴは『奇跡のリンゴ』と言って、体にいいし、リンゴ本来の味がしてとってもおいしいんです。なによりもこのリンゴは腐らずに枯れていくんです。この自然栽培で作った米や野菜はよけいなものを入れていないから、みんな枯れていくんですよ。おもしろいと思いません？」

「たしかにな……」

「組合長、この農法で作った安心、安全な野菜だったらＴＰＰに勝てますよ！」

「ＴＰＰに勝てる?」

呆れていた組合長の目に、急に力がこもってきました。

平成21（２００９）年のこの当時は、今ほどＴＰＰが騒がれていませんでしたが、私は羽咋の農家を守るために早いうちから手を打っておかなくてはと思っていたんです。

安心、安全な食物ならば世界に輸出できる。しかもこの栽培をやっているのは日本だけ。世界中にオリジナリティーをアピールできます。また、農薬をまかないと難しいと思われていたリンゴが自然栽培でできたのならば、米もキャベツもダイコンもニンジンももっと簡単にできるはずです。

「そうやな……。それが本当ならＴＰＰに勝てるかもしらんな」

組合長は乗ってくれました。木村さんが指導する自然栽培実践塾も、もちろん承諾してくれました。

木村さんの講演は大成功。組合長も冒頭の挨拶を、予定をはるかに上回る時間で話されるほどの熱の入れようでした。

行政とＪＡが手を組んで、こんなことをやっているところは他にはありませんでした。農薬、肥料、除草剤を使わない栽培塾の主催者がＪＡなんですよ。その後、芝田組合長は自然栽培の最大の理解者になってくれました。

けれど生産者に対しては、注意してお伝えしたことがあります。今ではＪＡはくいが自然栽培農法を教えているんですが、農薬、肥料、除草剤の否定はせず、自然栽培だけをけっして押しつけないということです。

農薬や肥料を使っていいですよ。有機栽培もけっこうですよ。でも、なんにも使わない農法もありますよ。この三つのうちからどれを選んでもいいですよと。あくまで選択肢が１個増えただけで、その選択権を農家が持つようにしたんですね。生産者は農薬、肥料、除草剤を使ってきたとはいえ、苦労されているわけです。そこは尊重しなくてはいけないから。

羽咋市役所農林水産課でも、要望があれば自然栽培の米とトマトの作り方のマニュアルをお送りしています。

5. 実は危ないオーガニック

木村

有機栽培の作物には気をつけないと。本当はとっても危ないの。オーガニックと書いてあればなんでも安全だと信じるのはバカの骨頂だよ

有機ＪＡＳ規格ができた平成13（２００１）年以降、有機＝オーガニックは広まりました。「有機野菜のサラダ」「オーガニックのコットンでできたタオル」など、ちょっと値は張りますが、おしゃれで体にいいイメージがするので女性客にはとくに人気のようです。

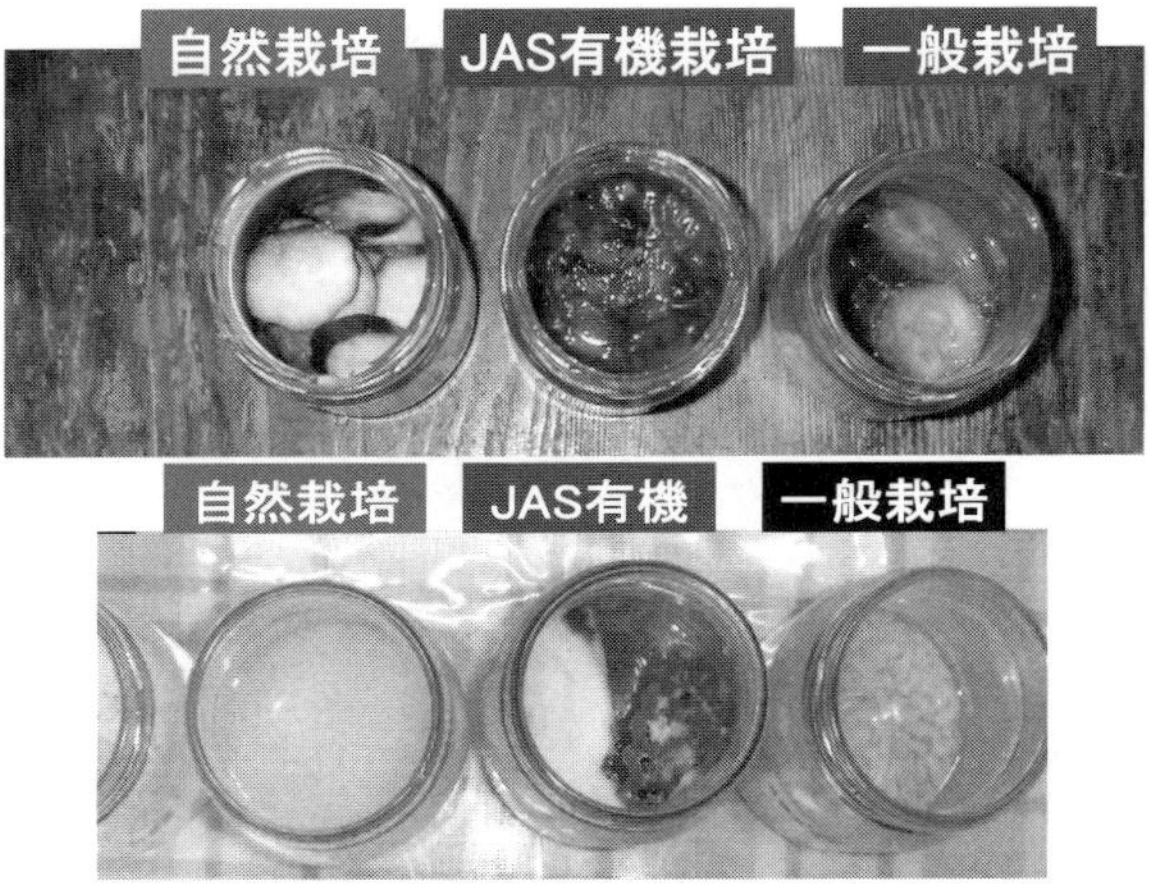

上は「きゅうりの腐敗試験」14日目、下は「米の腐敗試験」20日目。いずれも自然栽培は変化がないのに比べ、有機JAS栽培と一般栽培は腐敗が進んだ

「生物多様性など環境を守り、自然と共生しながら、安心、安全な農作物を作る」という理念のもと、化学肥料は認めず、その代わりに牛、豚、鶏などの家畜のフンによる動物性の有機肥料かアシなどの植物や米ぬか、ナタネの油かすなどによる植物性の有機肥料などが使われています。

ところがこの堆肥は、本当は4年も5年も寝かせて完熟させてから作物に施さなければいけません。そのような堆肥は臭いもなくサラサラしています。1年寝かせただけの未熟な堆肥は臭いは残っているし、前にお話しした硝酸態窒素の害を引き起こす危険もあり、アブラムシなどの害虫も呼び寄せて農薬のお世話にならざるをえなくなります。

たとえばハツカダイコンの種をまいて有機肥料を施し、虫が1匹も来ないで実ったら、それは完熟した堆肥ということ。使っても大丈夫です。

けれど4年も5年もかけて堆肥を作るのは手間と場所がかかります。それで完熟していない堆肥を施している農家が実はけっこういるんです。

興味深い実験があります。

透明な容器に一般（慣行）栽培、有機栽培、自然栽培の米を入れ、水道水に浸して2週間置いておきます。どうなると思われますか？

一般栽培の米は茶色くなって腐敗していきます。有機栽培の米は黒くドロドロになってカビが生え、強烈な悪臭を放ちます。自然栽培の米は腐敗しないで発酵し、酒のような匂いがするのです。有機栽培の米の腐敗がいちばん激しいんです。

また、有機栽培は無農薬ではないということも気をつけないといけません。30種類以上の農薬が使用ＯＫとされて、木酢や硫酸銅といった天然由来成分のものもありますが、なかには石灰ボルドーといった化学合成農薬も含まれます。またその使用量にも制限がありません。

皆さん、これで安心、安全だと思いますか？　オーガニックと書いてあるだけでなんでも安心、安全だと信じ込んでしまうのはバカの骨頂《こっちょう》だよ。

一方で無農薬で完熟した堆肥だけを施す有機栽培をしている農家もいます。こういった農家が作る作物は安全と言っていいでしょう。

ひところ合鴨《あいがも》を田んぼに放ち、合鴨が足をばたばたさせて泳ぐことで雑草駆除ができる合鴨農法が話題になりました。鳥が泳ぐほど安心、安全な田んぼということなのでしょうが、できた米を食べる私たちにとってはたまったものではありません。合鴨は田んぼの中でたしかに雑草を取ってくれますが、フンも尿もします。生フンがイネに与えられるのだから完熟堆肥とはまったく違います。

合鴨農法で穫れた米は、洗うと水が黒ずんできます。正直言うと少し臭いの。私にはおいしいとはとても思えないな。

高野

売る野菜には農薬や肥料を施すけど、自分たちが食べるものにはいっさい使わない農家が本当に多い。なにが本当に安全なのかをよく知っているわけです

完熟していない堆肥を施してもオーガニックと呼べます。農薬を散布してもオーガニックと呼べる。有機栽培は基準があいまいです。しかも消費者は、オーガニックという心地よい響きにだまされて「ちょっと高いけど体にいいから」と買ってしまう。未熟な堆肥を使ってできた米や野菜は体にいいことはありません。

木村さんも書かれたように、最低でも3年は寝かせた堆肥でないと硝酸態窒素の影響も含めて危険です。だからオーガニックを売り物にしている店に行ったときは、「何年肥料を寝かせましたか?」と質問するのも身を守る一つの方法です。以前、「半年も寝かしたいい堆肥を使ってるよ」と鼻の穴を膨らませて自慢する青果店がありましたが、聞いた瞬間、店を出てしまいました。

堆肥となる家畜の糞尿自体も問題です。多くの家畜が遺伝子組み換え作物の飼料を食べていたり、ホルモン剤や抗生物質などを打たれています。そんな薬漬けの家畜の糞尿が安全と言えますか？

私はまったく思わない。

以前、ニンジンを慣行栽培、有機栽培、自然栽培によってできたものを三つ用意して、放置しておく実験をしました。米と同様、いちばん腐敗が激しかったのが有機栽培のニンジンでした。

もしこれが便秘の方のお腹にたまっていたとしたら……。

実は木村さんも自然栽培を始める前に仲間たちと有機肥料を作ったことがあるそうです。鶏糞にわらや籾殻《もみがら》などを入れて。けれど完熟しないまま施したので畑が真っ黒になるほどのアブラムシが大量発生したとか。

でも、その失敗経験が今に活かされているんですね。

木村さんはリンゴが実らなかった11年の間、米や野菜、そしてそのほかの果樹でも自然栽培を試みて成功させています。唯一リンゴだけがなかなか実を結ばなかったのです。あらゆる作物で自然栽培農法を試みたので、机上《きじょう》の学問ではない実践で身についた知恵を持っている。

おもしろかったのは、栽培指導で岡山のモモ畑へご一緒したとき、木村さんが剪定をしていると、ある農家から野次《やじ》られたんです。

「おい、木村、おまえはモモ農家じゃないのに、なんでモモの剪定を教えているんだよ。だいたいそのやり方は間違ってるよ！」

と。すると木村さんはくるっと振り返って、

「私、モモもやってます」。

岡山の別の場所でブドウの指導をしたら、

「木村さん、あんた、ブドウのことをなんも知らんくせに、なんでそんな剪定するの？」

と今度も言われた。このときも、

「私、ブドウも作ってるの」。

そしてブドウの葉っぱを出して「葉脈がこういう形をしているでしょう。枝と見比べてください。このように切ってほしいと言ってるの」と言って切ったんです。野次った農家の人は、ばつが悪そうな顔をしていましたね。

木村さんのことをリンゴしか作れないと思っている農家はたくさんいるんです。けれどそれだけではないんですね。

ダイコン農家でも、ダイコンがどのように埋まっていくかを知らない人が多い。時計回りにまわりながら地中に埋まっていくんです。だからダイコンを抜くときは時計の逆回りに動かせば、すぐに抜ける。木村さんは観察の人だから、そういうことをちゃんと知っているんです。

とはいえ多くの農家が知っていながら、けっして他では話さないことがあります。売り物には農薬、化学肥料をたくさんまくけど、自分たちの家で食べる野菜には農薬、化学肥料を使わない農家があきれてしまうほど多い。そのほうがおいしいし体にいいからです。農家は知っているんですよ。ただ自然栽培で作ると大量生産できないし、形も大きさも揃わないからＪＡはいい顔をしないんです。

ここにもＪＡの罪はあると思います。

6. 遺伝子組み換え作物で世界を牛耳るモンサント社

種にもさ、注目してほしいのな。今の種は、作物から採ったものをまいても次の年に実らないわけ。どう思われますか？

化学肥料（完熟していない有機肥料も）、そして農薬、除草剤……大量生産を図るために人為的にされていたことは地球環境にも体にもよくないということは何度も述べてきましたが、もう一つ避けて通れないのが、種も危ないということです。

すべての野菜は種からできています。昔の農家は収穫が終わると、次の代を作るために一部を残して自家採種して、翌年はその種をまいてきました。こうして受け継がれていく種を固定種と呼びます。

ところがここ20~30年のあいだに種は人為的に細工がされるようになりました。そうして生み出されたのがＦ１《エフワン》種です。

Ｆ１種は品種の異なる野菜をかけ合わせたときに形や大きさが揃う性質を利用した品種改良技術です。これを植えると生育も早く、生育時期も揃って収穫も増える。しかも大きさや形、色は一定しているので、大量生産、大量消費の今の時代にはもってこいの種なんです。

しかしそこからできた作物から種を採ってまいても、たとえばナスだったらいろいろな形のナスができてしまう。バラバラなものは出荷できなくなるんです。

そこで問題が生じます。Ｆ１種で育てた野菜からは自家採種しても2代目は売り物にならない。するとどうなりますか？　農家は翌年も翌々年も、ずっと永久にＦ１種を買い続けなくてはいけなくなるのです。

種苗会社が儲かります。

さらに今では種をいじりすぎるのが好きな種苗会社が、雄性不稔《ゆうせいふねん》という技術を活かして新しいＦ１種を作るようになりました。細かく話すと難しくなりますが、早い話がオスの生殖能力を持たない、子孫を残すことができない種を作る技術です。この種を植えてもいっさい発芽しない。自然の法則にまったく逆らっています。そして農家はまた種を買うはめになる。

種苗会社は本当に儲かるな。

なぜそんなことをしたかというと、流通サイドが形や大きさ、できる時期が揃った均一な工業製品のような野菜を求めたこと。大型スーパーではニンジン３本２００円などというように形や大きさが揃った野菜を売りたがります。そのほうが見栄えがいいし、産地から農協、市場を経てスーパーに運ぶときも機械で仕分けができるし、決まったサイズの段ボール箱に詰められるので便利です。

しかし人間の手が入りすぎた不自然な野菜を食べて、本当に安心、安全でしょうか。

一方で消費者も曲がったダイコンや不揃いなニンジンなどを避ける傾向があります。

また外食チェーンでは味が濃く、一つひとつ味わいの異なる固定種の野菜よりも、味が薄くて「調味料の味を邪魔しない」、どこでも同じ味が提供できるＦ１種の野菜のほうが喜ばれているという話も聞きます。

そこに問題があるわけだな。

生産者だけではなく消費者や飲食店などもいつの間にかＦ１種の野菜のほうをありがたがっているんです。

このようなＦ１種を作っている大企業にアメリカのモンサント社があります。

けれど金儲けの手段として農業を考えるのはよくないことだよ。

農業はみんなの生命を維持するためにいちばん大事な仕事なわけです。モンサントは今、世界の農業を牛耳っているけど、このままではよくないと農家も消費者も、そして政治の世界でも真剣に考えるときが来ているんじゃないかなと思うんですよ。

一方で固定種を売っている良心的なところもあります。埼玉県飯能《はんのう》市の野口種苗研究所です。新規で自然栽培を始める場合や家庭菜園をする場合、ここで売られている「野口のタネ」を植えることを私は勧めています。

高野

木村さん、ついにモンサント社の名前が出て来ましたね

木村さん、ついにモンサント社の名前が出て来ましたね。

モンサント社は1901年にアメリカで設立された多国籍バイオ化学メーカーで、日本を含めて66ヵ国に進出している大企業です。ベトナム戦争で悪名高い枯葉剤を製造したことでも知られていて、遺伝子組み換えの種の世界シェアは、なんと90%。つまり世界中の畑を支配しているといっても過言ではありません。

強烈な除草剤の「ラウンドアップ」でも有名で、市場を拡大するために、唯一それに耐えうるダイズやナタネ、綿花などの遺伝子組み換えの種をセット販売するなどしたたかな戦略で売上を急伸させ、バイオ化学メーカーとして世界屈指の規模を誇っています。トウモロコシやジャガイモも害虫への抵抗性を高めるために遺伝子組み換えをして、世界中で市場を拡げてきました。

『ビジネスウィーク』誌など、いろいろなメディアで世界に最も影響を与えた企業の一つとして紹介される一方で、地球環境と人間の健康を脅かす企業として大バッシングされていることでも知られています。

またモンサント社はアメリカの政界の中枢部にも手を伸ばしているので、農業に関する法律に意見し、動かす力も持っている。実にやっかいな企業なんですよ。

2008年にフランスのジャーナリストがモンサント社の実情を知らせるためにイギリスやフランス、アメリカなどの10ヵ国で遺伝子組み換え作物の危険性を取材した映画『モンサントの不自然な食べもの』でも話題になりました。

フランスのカーン大学の研究チームが興味深い実験を行っています。マウスに遺伝子組み換えトウモロコシを2年間与え続けてみると、身体中いたるところに腫瘍ができ、臓器不全を発症したというのです。とくにメスは200匹のうち50~80%にこのような腫瘍が現れました。

このような作物を堂々と売って大儲けしている企業をどう思われますか?

日本も危ないですよ。

前にも書きましたが、遺伝子組み換えのトウモロコシなどの配合飼料で飼育された家畜の肉や牛乳、遺伝子組み換えのナタネを原料としている食用油など、大量の遺伝子組み換え作物による産品が日本でも大量に消費されています。種もモンサント社が開発したＦ１種が浸透しています。

醤油も安全でしょうか？　原料のダイズが「遺伝子組み換えではない」と記されてあっても本当なのか？　以前、ある有名醤油メーカーにどこのダイズを使っているのか問い合わせたのですが、答えは返ってきませんでした。

あえて言いますが、遺伝子組み換え作物やその加工品を摂り続けるのは、自分から病気になろうとしているようなものです。

農作業を楽にするために農薬や除草剤がまかれ、揃った形状の野菜をすばやく大量生産するためにＦ１種の種や化学肥料が使われている。今の農業はモンサント社が儲かる仕組みになっています。消費者は農業ビジネスの裏側を知り、賢い食材選びをする必要がおおいにあります。

農業関係者に伝わっている、笑えない「笑い話」があります。

モンサント社の社員に、

「あなたは自社の種に除草剤や化学肥料を使ってできた農産物を食べますか？」と聞いたら、90％以上の社員がこう答えたそうです。

「ＮＯだ」

なんともやりきれない思いがしましたが、あながち嘘には聞こえません。

多国籍バイオ化学メーカーのモンサント社。

その動向を皆さん、注視してください。

余談ですが、以前、私にこう話してくれた人がいました。

「高野さん、『ローマ法王に米を食べさせた男』の次の著書は、『モンサント社の会長に自然栽培の米を食べさせた男』にしてください」

いや、冗談ではなくそれを真剣に考えてもいいのかなと。

7. 遺伝子組み換え作物を推奨する官僚たち

今でもアンチ木村は多いですよ。地元では変わり者のオヤジなんですよ

以前、私が出たテレビ番組があったけど、番組関係者に全農（全国農業協同組合連合会）の人間がいたんですよ。それで「木村はよろしくない」ということで放送にストップをかけようとした。全農というのはＪＡグループのなかで農畜産物の販売や資材の供給などを行う巨大組織で、全国に25万人もの職員がいるといわれています。全農にとっては肥料、農薬、除草剤といった外部資材を売ることによって得られる利益はとても大きいわけで、それに反対を唱えている私は目の上のたんこぶなんです。けれど消費者や農家を守るためではなく、全農という組織を守るために外部資材を売りつけたり、私のように反対意見を唱える人間がいたら邪魔をするというのは、ちょっと道にはずれているんじゃないのかなぁと。

その番組はテレビ局の人が頑張ってくれて放映してくれたけど、なぜか私が出た回だけは再放送をしてくれなかったな。

今でもアンチ木村は多いですよ。私は、地元では変わり者のオヤジなんですよ。

青森県には、日本海側と太平洋側があってな、日本海側の弘前と太平洋側の八戸《はちのへ》の人間の性格はまったく違う。県南の八戸のほうは春から秋にかけてオホーツクのほうから冷たくしめった「やませ」と呼ばれる風による冷害が多いので、まとまりやすいんですよ。みんなで力を合わせて耐えていこうという郷土愛の精神が強い。自然栽培のリンゴ作りも八戸の農家たちは興味を示してくれて、一緒にやりましょうと言ってくれたので、これまで何度も栽培指導で足を運びました。

一方で弘前、津軽の農家たちは、

「なにやってるんだ、あの男は」

「木村なんかつぶしてしまえ！」

と。な。

他の県で指導に行っても、「おまえなにやってるんだ、バカ野郎」と排他的なところはありました。けれどその地区の有力者が指導をすると何も言わない。人は権力に弱いんですね。まあ、私のような自然栽培をやる人は、たいていが有力者ではないわけだからな（笑）。

でも、高野さんがいる羽咋市のように市がやる、ＪＡがやると言えば、みんながまとまるんです。そういう意味でも行政やＪＡの協力は必要なんですね。

日本の生産者、農業やってる人たちは私を批判するけれども、根っこは正直なの。できれば肥料、農薬、除草剤を使いたくないのよ。ただ技術がないし、ＪＡの圧力もあるし周りの農家の目もあるから、なかなか慣行栽培からは変更できないんだよ。

高野

遺伝子組み換え作物を推進する一派は、人口削減戦略を考えているとしか思えない。考えすぎでしょうか

厚生労働省は「遺伝子組み換え作物が使われている食品は安全です」とPRをしています。そこに一人、危ない人間がいるんですよ。

「GMOは安心です。なんの問題もありません」

と、厚生労働省のホームページや配布するチラシに平気で書く職員がいるんです。GMOとは遺伝子組み換え作物のことです。遺伝子を操作することで特定の除草剤では枯れない作物や、害虫や病気に強い作物を作ったり、生産性を大幅に向上させたりしています。平成24（2012）年現在、日本で遺伝子組み換え作物を原料として使う場合、表示義務があるのは、ダイズ、トウモロコシ、ジャガイモ、ナタネ、綿実、アルファルファ、テンサイ、パパイヤの8作物とα-アミラーゼやリパーゼなどの添加物7種類ですが、日本国民の安全を守らなくてはいけない国家公務員が、いけしゃあしゃあと遺伝子組み換え食品は安心だと書く。ありえません。

以前、私はその職員にくってかかったことがあるんですよ。

「家族いらっしゃるんですか？　結婚されてます？　お子さんいらっしゃいますか？」

すると職員は、

「質問の意図はなんですか？　家族構成とどう関係あるんですか？」

と。

「奥さんを愛してらっしゃるのだったら、ＧＭＯの食材を毎日食べさせてください。お子さんがテストでいい成績を取ったら、『ごほうびに遺伝子組み換えのトウモロコシを焼いてあげよう』と食べさせてください」

愛する妻や子どもが、遺伝子組み換えのダイズやジャガイモ、トウモロコシを食べ続けたら、体にどういう変調を起こすのか。それを実験したうえで、こういうことを書いてくださいと。向こうは固まってしまいましたが、しばらくすると、

「いや、アメリカのＦＤＡが……」

とか言い出したんですよ。

ＦＤＡとは、アメリカ食品医薬品局のこと。合衆国の政府機関で、食品をはじめ医薬品や化粧品などの製品の許可や取り締まりを行うところです。

私は言ってやりました。

「政権が代わっても、一つの会社から来ている人間がいつもＦＤＡの局長をやってるじゃないですか」

そうです、悪名高きモンサント社です。

すると向こうは引きつって、

「それに東京大学の○○先生が……」

とかなんとかもごもご言い出して。

その職員も知っているんですよ。上から圧力があって、それを認めざるをえないということを。

でも、体に悪いものを安心ですと言い始めたら、終わりなんですよ、この国は。

もっと言うと遺伝子組み換え作物を推進する一派は、人口削減戦略を考えているとしか思えない。あまりに人口が多いので、遺伝子組み換え作物を食べさせて人口を減らしていこうと……。そんな陰謀があるとは思いたくないけれど、どうしてもそう思えてしまう。

考えすぎでしょうか。

国家・国民の健康や安心を考える先進国であれば、遺伝子組み換え作物は絶対止めますよ。

2年前（2014年）にEU随一の農業国のフランスが、遺伝子組み換えトウモロコシの栽培を禁止する法案を可決しました。同年にはドイツやイタリア、ロシアでも遺伝子組み換え作物は禁止となりました。それなのにそれを平気で安心ですと勧める国はおかしい。これ、異常な世界です。

各地方の市役所の玄関先に「遺伝子組み換え作物は安心です」というポスターをずらっと貼ったら何が起こるかですよ。

クレームの山になります。

本当におかしなことが一方で進んでいます。

すべて金儲けのためですよ。

8. 大規模農業経営の落とし穴

木村

私の職業は百姓です。
百姓は気象学や土壌学、生物学、細菌学……
百の学問を身につけていないとダメなわけ

今、いろいろな企業が農業に進出し、農地を統合させて大規模化を図ったり、ＩＴシステムを駆使した農場経営を行っています。

オランダが先駆者で、ある企業がＩＴを使ってハウスの中で人が入らなくても生産ができる取り組みを行ったのですが、10年も経たないうちに倒産してしまいました。設備投資費と電気代が莫大にかかるからです。野菜は単価が安いので、それに見合わなかったというわけです。

水耕栽培も取り組んでいるところもありますが、あれも経費がかかる。

昭和60（1985）年のつくば科学万博でも1本の苗からおよそ1万3000個のトマトを作ったハイポニカ農法が話題になりましたが、一般の生産者がやったらとても持続不可能です。半年の万博期間中にかかった電気代が、1億円を超えていたそうです。

電気代だけでだよ。

周りの農地を買い足して行う大規模農業は、効率はよくなり、コストも安くなるんでしょうが、大量生産を目指すとどうしても肥料、農薬、除草剤に頼らざるを得なくなる。もちろんF1種の種も大活躍するでしょう。

仮にビジネスとして成功したとしても、そこで作られる野菜を食べさせられる消費者はどうなるんですか？

大きな田畑にまかれた肥料、農薬、除草剤で環境汚染も進みます。

よくないよ。

一方で、志の低い農家がいることも大きな問題です。

土日しか田畑に出なかったり、車で田んぼまで来て、窓越しに「あ、ちゃんと水が張られているな」と確認するだけで帰ってしまう農家もいるわけですよ。

そもそも農業統計上の「農家」とはどのような世帯を指しているのかといえば、

「経営耕地面積が10ａ以上の農業を営む世帯または農産物販売額が年間15万円以上ある世帯」

なんです。

だから平日は会社勤めをして、土日にちょっと畑仕事をするだけでも農家でいられる。しかも国からは農機具を購入する際の助成金や減反による補助金、所得補償による給付金などさまざまな恩恵が与えられています。

農家をやめられない人が多いのもうなずけます。

けれど私は農家は百姓であるべきだと思っているのな。

私のいる津軽の農家だったら、岩木山にかかる雲を見て、明日の天気を予測できるようでないといけないし、気象学のほかに土壌学、細菌学、化学、もちろん植物や昆虫のことも知らないといけないし、今では経済の仕組みもわかっていたほうがいい。

百姓は百の学問を知っていないと務まらないんですよ。

けれどおいしい野菜、健康にいい野菜を作ろうとする志がないまま、世界を牛耳っているモンサント社のＦ１種の種をまいて、肥料、農薬、除草剤をばらまき、田畑に入って土にまみれない農家がどれだけ多いことか。しかも後継者を育てようとする使命感もない。

そういう農家を見ると、おまえ、甘えてるんじゃないのかという気持ちになってしまうな。

高野

農地の集積化には私も反対です。日本の農業には合いません

日本の農業の特徴は、小さな点が集まって支える農業なんですよ。これでいけるんです。

剣山《けんざん》の上に足をのせても、針は刺さらないでしょう。１本の釘の上に足をのせたらブスッと刺さりますよ。大規模農業で一本化した場合、折れて倒れたら、とんでもないことになるんですよ。たとえば一人の農家が１００haの広大な面積の農地を所有したとします。その人が農業をやめると、１００haが荒廃していくんですよ。だから小さな剣山で支えるような仕組みを考えたほうがいい。

ＴＰＰに勝つために大規模農業化すれば対抗できると言った官僚がいましたが、あの戦略は下手ですね。それは広い農地面積がある欧米のやり方ですよ。なぜ狭い国土の日本が同じやり方で対抗する必要があるんですか。

日本は日本のやり方をそのまま踏襲《とうしゅう》する。同じ土俵に立つ必要はないですよ。やるんだったらできた野菜そのもので、本質的な闘いをするべきですよ。欧米の野菜は腐ります。自然栽培の日本の米や野菜は枯れます。どっちが体にいいか一目瞭然じゃないですか。しかも地球環境にもやさしい。

みんな左を走っていれば、一人だけ右を走れば勝てるんですから。物量で安いものに対しては、高くていいから質が極めていいもので闘うべきですよ。

大規模農業化すると低コストになるとか、いろいろ言う人がいますが、問題の解決にはなりません。消費者の方々が安価な食材を求めるのは否定しませんが、作り手側にとってもっと考えなくてはいけないのが、安全な食材の提供と農薬や肥料、除草剤による地球環境の悪化にストップをかけることです。

アメリカの一流科学誌の『サイエンス』にはっきり書いてあったように、地球温暖化の原因の一つは農薬と化学肥料の外部資材なんです。だったらそれを使わない方法でやらないといけない。

外部資材をいっさい投入しないと、日本の国土はきれいに浄化されてゆきますよ。汚染まみれになったエリアを元に戻すことができる。そういう道を選ばないといけない。だから一人ひとりの農家が志を持って大規模農業化とは真逆の方向を選ぶべきだと思います。

だって生産者がこんなことを言われたら嫌じゃないですか。

「あなたは何人を不健康にしましたか？」

「今まであなたは何人を病院に送ったのですか？」

第3章

地方創生を成功させる組織の動かし方

1. 相変わらず行動しない、おバカな役人たち

高野

衆参合わせた超党派の国会議員で結成する「自然栽培推進議員連盟」の設立で、自然栽培の国策化を目指します！

最近はどこもかしこも声を大きくして「地方創生！」と言いますが、相変わらず講演会や研修会ばかりで、開催したらそれでオシマイ。「あー、いい話を聞いた」とその場では感動する役人や生産者がいても、そこから先、行動する人がとても少ないんです。感動しても行動に移さなければ、１００年経っても地域社会は活性化しません。

「博士号を持っている立派な方だ！」という人を大会に招いて得意げになっている行政の人は多いけど、肩書はあっても経験則のない評論家や講釈師の話は役に立たない。現状打開にはまったく使い物にならないんです。

そんな講演会に何度も出るよりも、まずは行動してください。行いながら修正することを「修行」と言いますが、修行することですよ。

大会ばかり開いて満足している役人を見ると、映画の『男はつらいよ』の寅さんのセリフ、

「よぉ、相変わらずバカか？」

と言ってやりたくなることがあります（笑）。

平成28（２０１６）年3月末で私は、臨時職員時代から数えて31年間勤めてきた石川県の羽咋《はくい》市役所を定年退職しました。

「役所に残って手伝ってくれ」と、ちょっとでも言われるのかなと思ったけど、一言もなし。「早く去ってくれ」という気配を感じたほどだから、よっぽど嫌われていたんでしょうね（笑）。

それはそうかもしれません。

上司には相談しない。会議もしない。計画書もほとんど作らない。そして勝手に動く。

そうやって仕事をしてきましたから。しかしそれには理由があります。

農林水産課という部署での最初のミッションは、山間にある神子原地区の限界集落からの脱却でした。

地域住民の半数が65歳以上になると、限界集落と呼ばれます。これ以上高齢化が進むと人は減り、集落がなくなってしまう。住民のほとんどは農家でしたが、なんと年間平均所得は87万円でした。当時のサラリーマンの平均年収の5分の1ほどです。こんなに儲からないと跡を継ぐ者がいなくなるに決まっています。この過疎高齢化した村をすぐに救うことが市長からの命令でした。時間はありません。そこで市長に直談判したんです。

会議も相談もしない。すべて事後報告でいいかと。

役所では手は打っていたんです。けれど村を救えなかった。はっきり言えば、役所の無策です。そういう結果を残せなかった人に「○○してもいいですか？」と伺いを立てるのはおかしいと思ったんです。新しいことをするたびに、何人もの上司にいちいち説明をしてハンコをもらうのはバカらしい。何もしてこなかった人に限って、

「失敗したら誰が責任を取るんだ」

「うまくいかなかったら上司のオレの立場はどうなるんだ」

とぐだぐだ言う。そんな人の意見は聞く価値がない。時間の無駄です。計画書もA4用紙1枚の簡単なものしか提出しなかった。立派な計画書をいくら作っても、計画書だけでは地域活性をしてくれません。動かしているのは人なんです。だから村に飛び出していって地域住民の話を聞き、問題点を見極め、解決方法の戦略を練った。行動に勝るものはないと思ったからです。

初年度の予算は60万円にしました。市長からは「一桁数字が違うんじゃないのか」と言われましたが、大丈夫と答えました。いいえ、ちっとも大丈夫ではありません。けれどやってみないとわからないじゃないですか。予算がないからできなかった、上司が「NO」と言うからやれなかったなど、人は自分以外のもののせいにして、できない理由を探したがるんですよ。そういう見苦しいことは嫌だったので、あえて低予算にして

崖っぷちに自分を追い込んだんです。

でも火事場の馬鹿力が出ると思った。できないと人があきらめていることをやるのが楽しいんです。

「おまえは組織の人間じゃない」

「組織的な考えをしない」

と、よく言われました。当たり前です。役所は役に立つ所。役人は役に立つ人のことです。地域住民のことを考えずに組織の存続ばかり考えていては、役所だけが残って、地域住民はいなくなりますよ！

おかげさまで4年後には、
・若い人の定住で限界集落から脱却
・ローマ教皇への献上米に成功し、神子原米というブランド品の誕生
・生産者が価格設定する直売所のオープン
に成功しました。くわしい過程は『ローマ法王に米を食べさせた男』（講談社＋α新書）に書いた通りですが、新規定住者が赤ちゃんを産んで平均年齢がぐっと下がり、月

に30万円以上の収入を得る生産者が出るなど、地域は活気づくようになりました。

定年の半年ほど前から、多くの市町村から地域活性化の講演をしてくれとの依頼が相次ぎました。

それまでも私の経験がお役に立つならと出向いたことはありましたが、定年間際になると役所から、羽咋から一歩も外に出るな、何も話すな、喋《しゃべ》るなとパワハラと言っていいほどの締め付けがあり、すべて止められていた。役所の問題点を暴いてほしくなかったんでしょうね。

そんな息苦しい日々も、4月1日からは自由の身。フリーになってから半年経ちますが、北海道から沖縄まで、多いときは月の半分以上を講演に出かけました。

地域活性化と地方創生の話が中心になりますが、外から見るとお宝だらけなのに、住んでいる人は地域資源がないと思いこんでいたり、どのようにPRすればいいかがわからないところが驚くほど多いんです。「ああ、なんでこれをPRしないのだろう?」と思うものがあっても、地元の人は「こんなの、ここでは当たり前だから」と軽んじている。

反面、地域おこしでやるのは、日本中どこでもやっているような道の駅だったり直売所だったり……。どこかベクトルの向きが違っているんですね。

そこで、同じ直売所でも地元の野菜だけを並べてオシマイではなく、自然栽培に特化した、より地域色を打ち出すようなものを売る方法など、私の経験を通して伝えるようにしています。

ほかには自然栽培の普及、組織の運営と人の動かし方などです。

公務員に向けて、ものの考え方や行動哲学を伝える講演も増えました。神子原地区の地域活性化の具体例を紹介しつつ、失敗したときのことを真っ先に考える役人、経験則もないのに知ったかぶりをする役人にはなるな、組織（役所）の中で認められようと思うな、地域住民に好かれようと思うな、嫌われる覚悟を持たないとなにもできない――などなど厳しいことばかり話しています。みんなシーンと聴いていますよ。質疑応答のときも下を向く人ばかりで、なんだか嫌われるために日本各地を行脚《あんぎゃ》しているようなものです（笑）。

7月には金沢、茨城、神戸、豊橋、横浜、東京、旭川、所沢、東京と10日間連続で9都市で講演があって、さすがにスケジュール管理をしてくれる秘書がほしいと思いました（笑）。

自然栽培の普及も大きな仕事です。

先日、熊本県の天草《あまくさ》に行ってきました。そこで早速、天草下島《しもしま》をまるごと自然栽培の島にしようと提案してきたところです。すでに自然栽培で野菜を作っているという農家から声をかけられ、実際、畑に行ってみたら……これが荒れ放題。どうやって手入れしているのか聞いてみたら、「放ったらかしにしています」と。

それは自然栽培ではありません。放置農法です（笑）。

彼はトマトやオクラ、ズッキーニなどを作っていましたが、我流で自然栽培をやっている人に正しいメソッドを伝えるのも重要な役目なのでしょうね。

島には耕作放棄地が多く、農薬や化学肥料などの外部資材が抜けているので、きちんと自然栽培の指導をすれば、気候が温暖ということもあって、かなりの収穫が見込めます。自然栽培の島になれば、多くの人が食材を買ったり食べるためにやってきますよ。

島が活性化します！

自然栽培の国策化では、衆参合わせた超党派の国会議員で結成する「自然栽培推進議員連盟」の設立が大きな柱で、第1章でもお話ししたように前地方創生担当大臣の石破茂さんに設立発起人になっていただきました。ほかにも衆参両議員や政策秘書、内閣府の審議官の方々、そして自然栽培に理解のあるファーストレディーの安倍昭恵さんにもお声かけをしています。

また、有名外食チェーンのワタミとのコラボも進んでいます。壮大な実験をやろうとしているんですよ。ワタミは自社農場を持っているので、そこで自然栽培の食材を作り、店で出す。創業者で自民党の参議院議員でもある渡邉美樹《わたなべみき》さんからも承諾をいただき、出す料理がすべて自然栽培の食材の、「坐・和民　自然栽培」（仮称）を開店させるプロジェクトが動き出したところです。

先日は、富士通の社長と役員、島根県と山口県の公立病院の院長らがお見えになり、病院食を自然栽培の食材で提供できないかと相談されました。ええ、早速このプロジェクトを始動させましたよ。病院だからこそ患者の方々に1日3食、安心、安全な自然栽培の食材をしっかり食べていただきたい。必ずや病状回復の大きな力になってくれるはずです。

今後を考えるとかなり多忙になりますが、嬉しい悲鳴。ありがたいことです。

小さな改革を地方からやって、だんだん人が集まって来れば、それが大きな改革になっていくわけよな

この章では自然栽培による地域活性化について書きたいと思います。

私はこれまで声をかけてもらったところには国内外問わず出かけていきました。47都道府県はすべて訪ね、海外はドイツ、イタリア、中国、韓国、そして台湾。年間２２０日も農業指導や講演に出かけたこともあります。

国は違っても、生産者が安心、安全な農作物を消費者に喜んで食べていただきたいという思いは同じなんです。

以前、リンゴの収穫で大事な10月の時期に、私が畑にいられたのはわずか3日ということがありました。

私が指導した人たちから「出来ばえを見てほしい」という依頼を受けていたら、あっ

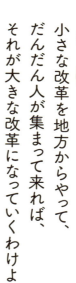

という間にスケジュール帳は埋まってしまった。現地に行ってこの目で見ないと指導者としては失格だし、彼らの熱意を無下《むげ》にはできないからです。

だから畑に戻った３日間は、死にものぐるいで働きました。

でも、いくら忙しくてもかまわない。私のような失敗をしてほしくないから、待っている人がいれば、私は全国を飛び回り指導をします。

農業は国の宝だよな。

農業は人間にとってなによりも重要な食料を作る仕事です。その技術は共有していかなければいけないと思い、これまでの恩返しのつもりで手弁当で全国を歩き回っているのです。その甲斐あって、各地の大学やＪＡ、自治体、ＮＰＯと協力したプロジェクトがいろいろ生まれています。

とくに嬉しいのは、農薬や肥料を収入源としているＪＡのいくつかが、自然栽培に賛同してくれたことです。

いちばん早かったのが宮城県の「ＪＡ加美《かみ》よつば」で、平成18（２００６）年から講演や指導を行ってきましたが、平成23（２０１１）年にＮＰＯ法人「木村秋則自然栽培に学ぶ会」が発足することになりました。

同年には高野さんのいる羽咋市でＪＡと役所が手を結んだ「第1回全国自然栽培フェＡinはくい」が開催され、自然栽培実践塾もスタートしました。岡山県倉敷《くらしき》市ではその1年前に「ＮＰＯ法人　岡山県木村式自然栽培実行委員会」が発足しています。平成24（２０１２）年には北海道余市《よいち》郡仁木《にき》町に「ＨＯＫＫＡＩＤＯ木村秋則自然栽培農学校」がスタート。ほかにも青森県南部《なんぶ》町や岩手県遠野市、新潟県新潟市、愛媛県松山市などで自然栽培を実践する仲間の輪が広がり始めています。

自然栽培には温暖化を止める、地球環境を守るという大きなメリットがあります。肥料、農薬、除草剤を使わないと土が汚染されないので、川に汚染物質が流れ込まないから水質は汚されず、ひいては海も守られるわけです。陸《おか》がきれいにならないと海はきれいになりません。漁業協同組合に招かれて講演することもありますが、半農半漁の人が多いから、まずは自分たちの小さな田畑からきれいにしていこうと話しています。

大きなところで一度にやろうとすると、異論がいろいろ出てきて一つにまとまることは難しいので、こうやって小さな港町、小さな田舎町から少しずつ改革していけばいい。

羽咋市の小中学校に続いて、大阪の清風《せいふう》学園（清風中学校・高等学校）の給食にも自然栽培の食材が使われるようになったのも嬉しいニュースでした。急激な改革は社会も自然も望んでいないので、このような小さな改革を一歩一歩、一歩と言わず半歩であっても日本各地で起こすことが大切だと思っています。

私のリンゴ作りもそうでした。急に農薬をやめたものだからリンゴが実らなくなったわけです。リンゴの木もびっくりしちゃったんだろうな。いったい何ごとが起きたんだとな（笑）。

2.
「やってみる精神」をたたき込む

高野

地域の問題点を分析してばかりでは意味がない。だから若者たちには地域活性や地方創生の医者になろうよと声をかけています

羽咋市役所を退職する前に、私のもとに何度も足を運んでくれる方がいました。石川県の隣、富山県の氷見《ひみ》市の本川《ほんがわ》祐《ゆう》治郎《じろう》市長です。地域活性化の協力のお願いでした。

忙しくてできませんとお断りしても、副市長や総務部長、私がよく知っている職員を連れてきたり、3度も4度も足を運んでくれたんですよ。なんとしても来てもらいたいと。氷見市のこれまでの取り組みを見て、本川市長の地方創生にかける本気度は知っていたので、

「週に1日か2日しかいけないですよ、それでもいいんですか」

と言うと、

「それでもいい」

と。その真剣さに根負《こんま》けしたんです。

羽咋市と氷見市は、もともとは旧加賀藩でつながっているんですよ。しかも羽咋の自宅から氷見市役所までは十数kmしか離れていない。神子原《みこはら》の山を越えていくだけなんです。

1尾10kg以上もあるブリは「氷見の寒ブリ」として有名で、ほかにもサンマやイワシ、ホタルイカが獲れる。寒ブリは温暖化の影響か漁獲量がだいぶ減ったけれどなにか打つ手はあるかもしれない。海の幸だけではありません。市の7割が山なのも魅力的でした。

これだけ自然に恵まれているのだから眠っている黄金は必ずある、可能性はめちゃく

ちゃある……。そういうことを考えているとちょっとやらかしてみたくなった(笑)。市長に「それではお願いします」と返事をしたら、

「地方創生アドバイザーとして、自由にやってください」

と背中を押してくださった。

氷見に自然栽培の拠点を作ってみよう。市外、県外からたくさんの人が集まる場所を作ろう。そのポイントとなる場所は、あそこしかない。

イメージはすぐに浮かびました。


氷見市には「地域おこし協力隊」の若者たちがいます。これは総務省が主催する、都会を離れて地方で暮らしたい、地域社会に貢献したいという人が過疎高齢化の村に住民票を移して住んで、地域の維持を図る制度です。氷見市には平成27（2015）年に6名、翌年3名の計9名が赴任し、活動しています。

ところが問題がありました。

メンバーの多くは、地域社会に貢献しようといろいろな調査をしてくれてはいるのだけど、分析するだけで行動に移さなかったり、農業をやっても金にならない、集落の人

の理解が得られないと現状を嘆いてばかりいる。私にはそれが、集落の人たちが悪いんだと言っているように聞こえたんですよ。

それでついカチンときてしまったんですね。

こちらが動かないと相手だって動くわけがありません。

よそから来た人間が地域の現状を訴えたところで、そこに長く住んでいる人のほうがよっぽど厳しい現実を知っていますよ。過疎化してますね。高齢化してますね。跡継ぎがいませんね……そんな現実はいやというほど知っているんですよ。そんなこと言うんじゃなくて、どう打開していくのか。そこを考えないとしようがない。

だから彼らには「やってみる精神」をたたき込もうと思っています。

協力隊の若者たちとは別ですが、一般的に、やりもしない人間に限って、「あそこはああいう事情があるから」「あの人が引き受けるわけがない」などと、できない理由やしない理由をもっともらしく語って行動しない言い訳にするんですよ。しかも答えを相手に委ねているから考え方が直線的になって、「NO!」と言われたら最後、壁にぶつかるんです。

「あなたさえYESと言ってくれたら、この壁に穴を開けることができる」と相手に委ねないで、「NO!」と言われても、なんとか自分の力でうまくいくように策を練る。

彼らには、地域活性、地方創生の医者になろうよと言っています。医者に行って、「あなたの症状は虫歯ですね。歯が痛いでしょう」と言われるだけだったら頭に来ますよ。痛みを取ってほしいために僕らは医者に行っているんだから。だから現状だけを告知するコンサルタントみたいなことをしてもダメ。本当に地域の痛みを掘り返して取ってあげることが求められているんです。

過疎化からの脱却でのポイントは、いちばんひどい場所にだけ手を打つことです。行政の公平性を振りかざして、すべての過疎地を「平等に」脱却させようとすると時間も労力もかかってしまう。そういう役人特有の発想ではなにも起こせません。まずはいちばんひどいところに絞って改善策を打ち、そこから抜け出すことができたら、ほかの地域も自然に過疎から脱却できます。

氷見市にしかないもの。氷見市でしか体験できないもの。まずはそれを一ヵ所、一品でもいいから探してブラッシュアップすればエッジが立ってくる。

売れる三要素は、

「ここだけ」

「これだけ」

「今だけ」

なんですよ。そしてそれを地元ではなく遠いところに情報発信して、発せられた情報を逆輸入する。

私は町おこしの成否の根幹はマスコミにあると考えています。どんなに小さな扱いでもテレビや新聞、雑誌が氷見の情報を流してくれたら、町の大きな宣伝になるんです。

人間は「知→情→意」の順番で動きます。

「知」は知恵＝情報のこと。情報が目や耳から入って「情」＝心が動くんです。そして「意」＝行動になる。人を動かすには、目や耳から情報を入れてあげることが大切。だからマスコミに報道してもらえるように次から次にニュースを提供することが必要なんですね。

ＵＦＯで町おこしをしたときも、過疎高齢化の神子原に若者を呼んだときも、ローマ教皇に米を献上したときも、なにかあれば私はマスコミを呼んで羽咋の情報を発信してもらいました。マスコミに報道されることで多くの人に羽咋を知ってもらえるし、「俺たちのことが新聞やテレビで紹介された」と住民もやる気が出てきます。

赴任直後に彼らに宿題を与えました。

「風穴をとにかく開けるんだよ。波風を立たせるんだよ。宣伝したいものがあるんだろう?」

「いや、いっぱいありますよ」

「じゃ、北海道の新聞やタウン誌などのメディアに、氷見で起きたことを取り上げてもらってね。それを全部報告してください」

「どうしたら掲載してくれますか?」

「それは自分で考える」

北海道が終わったら九州、沖縄。その方法は教えるのではなく、やらせるしかないんです。自然栽培と同じで、やってみてはじめてわかるんですよ。

脳は考えるためにあるんです。筋力と同じで、一生懸命使えば使うほど、解決能力がどんどん早くなる。だからどこまでトレーニングするかです。みんな情報の発信能力がないのだから、だったらつけさせますよ、鍛えましょうねという話なんです。

また、発信能力と同時に収集能力が必要なんです。

集める能力と出す能力で、これは本当に大事なことなんですよ。戦略を立てるときには情報の収集が絶対必要なんですから。で、相手の弱みとかみんな見つけ出して全体の戦略を立てて、ここがゴールと決めたら、そこへ向かってまっしぐらに突き進む。

たいてい行政が作ると、戦略とは書いてあるんだけど、どこを読んでも戦略はない。ただの政策なんですよ。たとえば過疎集落からの脱却を目指そうとするなら、「人口を増やします。そのためにこんな手段を取ります」とか、「人口の目減りを阻止するためにこういう策を取ります」とやるのは、ただの政策なんです。それよりも「メディア戦略を打って村の名前をもっと周知《しゅうち》させます」などと、どう動けばいいかの具体的な方法を紹介する。これが戦略なんですね。

氷見市の地方創生アドバイザーになって半年近く経ちましたが、地域おこし協力隊の若者たちは、私が思いつかないようなアイディアをどんどん出してくれるようになりました。頼もしい成長ぶりです。

彼らには、これからもどんどん行動してもらいます。

木村

地方が活性化すれば、食料自給率はどんどん上がっていくわけよ

減反政策や離農などによって耕作放棄地となったところの有効活用も急務です。日本には耕作放棄地のうち荒廃農地が27万6000haあります。農家の子どもたちはどんどんサラリーマンに替わり、畑や田んぼにいるのは老人だけになっているところが年々増えていく。

これを解決するには、新しい産業をもってきたり企業を誘致しても、景気に左右されて閉鎖する場合があるので根本的な解決にはならないんです。幸いにして自然栽培に夢を抱く若者が増えてきたので、彼らが耕作放棄地を有効活用すれば、日本の農業はもっと活性化すると思います。

新しく自然栽培に取り組む人たちには休耕地を使って、まずはムギやダイズを植えて砂漠化した土を蘇らせてから、イネや野菜を育てるよう指導しています。

耕地整備をしてできた農地が、実は地下水の影響で土の温度が低く、草一本生えないような荒れ地だとわかり、長いところでは20年も放置されている場合もある。そういうところからは土壌改良を手伝ってほしいと頼まれます。

土の温度が低いところでは、農地の地形を見て地下水の流れを推測し、深い溝を掘って地下水を川に流す排水路を造るよう伝えています。地下水が抜けることで土の温度は上がり、蘇ります。

このような田畑の再生と自然栽培こそ、日本の農業の希望の光だと思います。

とはいえ、いくら安心、安全だ、地球環境にやさしいと言っても、自然栽培をする農家がそれで食べていけないと意味はありません。

「自然栽培をしても収穫量が少ないから儲けも少ないんだろう」

と二の足を踏む農家が多いのですが、たしかに経営が成り立たなければ、ただの理論に終わってしまうのです。今はＦ１種の種を農薬や化学肥料によって育てた同じ大きさ、色、形の工業品のような野菜しか流通ルートには乗りませんから、形や大きさが不格好な野菜や果物でも売れるような仕組みを作ることも急務です。

私はよく農家の人に尋ねます。

「10俵で20万円を稼ぐために肥料、農薬、除草剤、そして農機具のローンやガソリン代や電気代など15万円の経費をかける慣行栽培（一般栽培）と、5俵で10万円を稼ぐために5万円の経費しかかけない自然栽培、利益は同じ5万円ですが、どちらを選びますか？」

効率的に大量生産をしようとしても、肥料、農薬、除草剤にかかる資材費はとても高いんです。結果的に非効率になっている。けれど農家の人たちは、わかっていても外部資材を投入することをやめられない。

その負の連鎖から早く抜け出してほしいと強く思っているのな。

平成26（２０１４）年の調べでは、日本の食料自給率（カロリーベース）は39％と先進国の中では低く（オーストラリアは２０５％、フランスは１２９％、アメリカは１２７％、いずれも２０１１年）、東京の食料自給率は１％、大阪と神奈川は２％です。しかし北海道は２００％近くもあり、これはまだまだ伸びる可能性を秘めています。つまり地方が活性化すれば、食料自給率はどんどん上がるのです。

「自然栽培は収量が減るから、それをやっても食料自給率は上がらないのではないか」と言う人がいますが、減反政策がいまだ行われている今、自然に減反ができる自然栽培はまったく問題がないと思います。

さらに言えば、米が過剰生産だからと代わりに家畜用の飼料米を作るならば、いっそのこと別の作物を作るべきだと思います。たとえばコムギ。日本では生産が少ないために、海外から古いコムギを輸入しているわけです。化学肥料や農薬をたっぷりかけたものを。

海外へ行くとよく耳にするのが、「世界一まずいパンはスイスと日本」という風評です。スイスは永世中立を守るために有事に備えてコムギを備蓄していて、古いコムギから食べているのでおいしくない。一方日本は、先ほど述べたように古いコムギを輸入しているからです。

国が税金を使って米余りの農家を支援するよりも、そのお金で耕作放棄地にコムギを植える農家を支援したほうがいいように思えてしかたありません。

ただ、食料自給率の低さを問題にする前に気をつけなくてはいけないのが食品廃棄量です。

今年（2016年）2月に農林水産省から発表された数字では、年間5800万トンもの食料を輸入しながら2800万トンも大量に捨てている。この現実を見ないといけません。5800万トンもの大量の食料を輸入しないで、食べられる量だけ輸入すれば自然に食料自給率も上がっていきます。また家庭から出る食品廃棄量も年間870万トン。金額に換算すると10兆円近くです。

食料自給率の低さばかり見ないで、食品廃棄量にも注目しないと、今の日本の食事情を語ることはできないと思います。

3. 自然栽培を牽引する若者たち

高野

自然に恵まれている氷見市には眠っている黄金がある。ここに自然栽培の拠点を置き、化学変化を起こしてやろうと

氷見市には長坂《ながさか》という山間地区があります。農林水産省の「日本の棚田《たなだ》百選」にも選ばれた120枚の棚田で知られるところで、ここには以前、神子原の地域おこしをしたときに集落の人たちを案内したことがありました。1口3万円で1年間100㎡の棚田のオーナーになり、地元の農家の指導のもとで春の田植えや秋の稲刈りを体験し、収穫が終わったら40kgの米をいただけるという制度が参考になると考えたからです。

神子原の農家を案内して、「これと同じことができませんか?」とは言わずに、「こんな制度は神子原ではできませんね」と、あえて逆撫《さかな》でするように焚《た》きつけて、

「ここができるんなら、わしらもできるわ!」

「じゃあ、やりましょう!」

と、やる気になってもらった場所でした。神子原の限界集落の脱却の初期も初期、思い出深い場所だったんです。

美しい棚田があり、人の手が入っていない山間地区(すぐに自然栽培が始められるということです)がある長坂こそ宝の山。地域活性のポイントになります!

ここに宮城県から移り住んだ岩村茂幸《いわむらたかゆき》君という青年がいます。

大学で工学を学んだ後に東日本大震災の支援に行き、その後漁師に惹《ひ》かれて船舶の免許を取った若者で、自然栽培をやりたいとの強い思いで羽咋に来たのですが、神子原には空き家がないので、平成28(２０１６)年4月から氷見市の地域おこし協力隊に加わりました。彼は今、長坂に住んで、棚田オーナー制度の担当者の一人として活躍しながら、地元農家が作ったコシヒカリのブランド米化に取り組み、自らも自然栽培でササシ

撮影／岩村茂幸

氷見市地域おこし協力隊がブランド米作りを目指す、20haある長坂の棚田

グレやコシヒカリの米、トマト、ズッキーニ、キュウリ、カボチャ、ダイズなどの野菜を作っています。女優で、奈良県で米作りをしている、いとうまい子さんも氷見市の棚田オーナーになってくれました。また、「自然栽培の野菜の味をいちばん引き出すのは塩」と、氷見の海でとった海底湧水による塩作りにも挑戦。一流シェフからも高い評価を得ています。

同じ自然栽培を目指す者同士、長坂でなにかをやらかすには熱意と行動力がある岩村君の協力は欠かせません。本当に強力な地域おこし協力隊のメンバーです。

ほかにも「自然栽培をやりたい！」という仲間が集まってきています。ここに自然栽培の拠点を置き、なにか化学変化を起こしてやろうとたくらんでいるところです。

役所に長くいた職員の中には、自分が長年培ってきた経験でしか判断する基準を持っていない人もいて、斬新なアイディアや大胆な行動をする若者を管理しようとするがあまり、つぶしてしまうこともある。なにもやらない評論家も困りますが、自分の経験だけを押しつける人も考えものです。ただの老害になりますから。なにかやらかしてくれそうな若者たちには、思いっきり動いてもらえばいいんです。

ゆくゆくは米や野菜、何十品目もの自然栽培の食材を作って、氷見の子どもたちが食べる食材は、自然栽培に換えていきたいですね。羽咋でもできたのだから氷見でもできるでしょう。案の定JAが反対だとか言っているようですが、いかに反対派の人の間にするっと入り込むか。役人をしているときは、「勝手に動いた」と怒られてばかりいましたが、今は役人のリミッターがはずれているので、暴走しても大丈夫です（笑）。

前に書いたワタミとのコラボですが、この氷見で自然栽培に特化した第1号店をオープンできないか、話を進めているところなんですよ。ここを成功させれば、全国展開するきっかけになります。

羽咋のJAにも粟木《あわき》政明《まさあき》さんという推進力のある人が現れました。彼は今、木村さんが塾長で、全国に300人の卒業生が輩出《はいしゅつ》している「のと里山農業塾」の運営や、移住者たちへの自然栽培の新規就農支援、学校給食での自然栽培食材の提供、自然栽培普及のための農業機関や大学などでの公開講座の開催、そして一般向けに家庭菜園セミナーを開催するなど大忙しです。ほかにも東京都杉並区の方南《ほうなん》町に羽咋の自然栽培アンテナショップ「能登みらい農業はくい放送局」を開設し、関東圏での販売PR拠点とするなど、羽咋の自然栽培を広める試みを手がけています。第1章で木村さんが書かれた石川県立津幡高校での世界初の自然栽培の授業スタートも粟木さんの仕掛けです。使命感にぼうぼうと火がついて、「自然栽培命!」となり、もう私でも止められません(笑)。

神子原には、早い時期にIターンでやって来た新規就農者の枡田《ますだ》一洋《かずひろ》君がいて、すでに自然栽培の指導者として若者を引っ張っています。

羽咋の自然栽培は自立、自活していける。もう大丈夫です。

やる気はあっても本気じゃない人が多い中で、夢を抱いて行動する人や、地域の住民のために滅私奉公《めっしほうこう》する若者に出会うと刺激を受けます。私のやる気を出させてくれる調味料になるんです。生きている限り現役なのだと老骨にムチを打ってでも、皆さんの心に火をつけるための行脚に出かける原動力になるんですね。

木村

自然栽培に熱心に取り組めば人作りにもなる。いいことだな

農ガールや農系女子（ノケジョ）という言葉も生まれたほど、若い人たちはけっして農業は嫌いじゃない。経費はかかるし利益も少ないオヤジがやっている農業をやりたくないだけなの。ところが自然栽培は答えがないわけです。日進月歩で進歩しているので、自分がパイオニアの一人となる夢が持てる。だから意外や意外、若い人たちが多い。

将来が有望な生産者も出て来ました。

第1章で紹介した愛媛県松山市の「メイド・イン・青空」代表の佐伯康人さんもその一人です。農業と福祉を合体させた「農福連携」で、障がい者の人たちが自然栽培に取り組むことで自立を促し、日本各地で49の施設が佐伯さんの取り組みに賛同しています。そして海外、とくにヨーロッパからとても評価されています。

佐伯さんは早くから農業と社会福祉が連携できないかを探っていて有機JASを始めましたが、ハンディのある方には皮膚が弱い人もいるんですね。農薬が認められている有機栽培では、いろいろなトラブルがあって、あまりうまくいかなかったそうです。そして6年前に私の講演を聴きに来てくれて、自然栽培に切り替えました。インターネットでも穫れた作物を売っていますが、すぐ完売になるものもあり、耕地面積も2反（約20a）から始めたのが、今では12haとなり、働く人の給料も上がるなど、経営も軌道に乗っているようです。

今では北海道から沖縄まで49の施設に農業と福祉を合体させた「農福連携」として活動の輪が広がり、農林水産省や厚生労働省からのバックアップも受けています。これから先が本当に楽しみです。

北海道の旭川の西、ひまわりで有名な北竜町《ほくりゅう》には、私の講演で何度も紹介した青年がいます。彼は60町歩（ha）もある米農家の息子ですが、まったく仕事をしない男でした。朝、いくらお母さんが「起きなさい！」と言っても起きてこないような怠け者だったわけです。田んぼに出るのは田起こしと収穫のときだけ。しかも作業は機械を動かすだけだから楽だし、土にも汚れない。

これで農家と言えるのかどうか……。

ところが自然栽培に出会ってからは変わりました。

「自分でやりたい！」と親に直訴して3町歩から自然栽培を始め、そうなると田んぼの状態が気になり始めて、夜も寝ていられなくなる。今では、朝、お母さんが起こすころには、すでに田んぼに入って泥んこまみれになっているそうです。

「うちのバカせがれに、だれがお嫁に来るか！」と親は嘆いていたのに、この栽培をやり出したら田んぼに若い女の子が集まってきて、今はもう嫁さんどころか子供までいるの（笑）。以前は鼻にピアスをした強面《こわもて》だったのに、それをはずして見違えるようになり、今では60町歩の田んぼをすべて自然栽培でやっています。

「うちの息子がすっかり変わりました。ありがとうございます」

と母親からすごく感謝されましたが、本当に彼は立派になりました。自然栽培は目が農薬で手が肥料と伝えているように、毎日の観察がなにより大事ですから、本気でやらないとできないんですよ。だから彼のように熱心に取り組むと人作りにもなる。いいことだな。

このほかにも子や孫がアトピーなどにかかり、「もうこれ以上薬を飲むより毎日の食事を変えたらどうですか？　肥料や農薬を使わない食材を食べたほうがいいですよ」と医者に言われて自然栽培の農家に転身した人もかなりいるし、慣行栽培をやっている生産者も畑のすべてを自然栽培にするのはためらうにしても、一畝《ひとうね》は肥料、農薬、除草剤をやめましたという人が出てきています。そしてその作物をＪＡが仕入れている。それまでは自然栽培は例外で、ＪＡのスタンスは「勝手に売りなさい」でした。今、自然栽培の作物をＪＡが仕入れるというのは、目に見える大きな変化です。

このような動きがあちこちで出ています。身内に病気や障がいを持つ人が増えているのも理由の一つでしょうが、食への危機感を持つ人が増えたのはいいことだと思います。

30年近く声を大きくして伝え歩いたことがよ、やっと実を結んできているのかな。やっとこういう時代が来たかとな。

また、東京の品川区の戸越《とごし》には「自然栽培の仲間たち」という自然栽培に特化した店がオープン（平成29年〈２０１７年〉７月、目黒区の自由が丘に移転）。先ほど高野さんが書きましたが、羽咋市のJAは、自然栽培のアンテナショップを杉並区の方南町に作りました。同じ東京の羽村《はむら》市にある福島屋さんは理解のあるスーパーで、野菜の硝酸態窒素の濃度を表示してくれています。ここは自然栽培の通販をやって人気だし、六本木にも店を構えて、自然栽培米で作るおにぎりはとても評判がいいと聞いています。

東京の例だけを挙げましたが、全国にも自然栽培の食材を販売する店がどんどん増えています。自然栽培の野菜は見た目は不格好だけど、中身はすばらしいんだよということが、だんだんだんだん浸透していけばいいなと。

4. 人を巻き込み動かす組織の作り方

高野

相手が喜ぶことを言い、提供する。これが交渉の鉄則なんです

地域活性化や地方創生は、人が動かないと成功しません。物事を成すために必要なルールは、

・どういうアプローチをすればいいのかを戦略的に考える
・それを自分でやって手本を示す

の二点です。そうすれば自分の思い通りに事が運びます。

アプローチの段階で大事なのは、だれがそれを動かしているかを見極めることです。物事を動かしているのは人なんですよ。何かをしたい場合は、この人ははずしちゃいけないという要となるキーパーソンをきちんと押さえ、交渉すればうまくいく。段取りを踏んでまずは関係者と会って……と外堀から攻めるよりも直接乗り込んでいく。

自然栽培学科を設立してくれる大学を探していたときは、立正大学と縁ができたらすぐに理事長に直談判しました。それから学長、副学長に提案したんです。羽咋市のＪＡに自然栽培の支援を要請するときには、組合長のところに直接乗り込みました。ローマ教皇に米を献上するときも、バチカンのローマ法王庁に英文で手紙を出した。公務員になりたてのころには、観光の目玉がない羽咋に応援のメッセージをいただこうと、当時のアメリカ大統領のレーガンやイギリス首相のサッチャー、ソ連書記長のゴルバチョフ宛に手紙を送ったこともあります。

人は権威に弱いから、このように力を持っている人や名前が通っているところを味方につけると、事が早く運ぶんです。

今やっている自然栽培の普及では、政治家や官僚を巻き込む一方で、アカデミックなところからも展開しています。アメリカのスタンフォード大学で生物科学や環境の研究をしているグレッチェン・デイリーという高名な教授がいますが、お目にかかったときに、大学で自然栽培の学科を始めることを伝えたら、「そんな講義があったら私も学びたい」とほめていただいた。もちろん「ぜひ来てください！」と返答しましたが、これでスタンフォード大学とのパイプができました。これから先、大きな力になっていただけると確信しています。

リップサービスかもしれない？　でも、このあとコンタクトを取り続けていけば本気になってくれるかもしれないじゃないですか。何もしないであれこれ言う評論家よりも、行動して失敗するほうがはるかにいい。失敗したら、また次のキーパーソンを探すだけです。

次に要となる人の心を動かす方法です。

いちばん大切なのは、相手が嫌なことを押しつけたりしてはいけない。嬉しがることを言い、差し出すことです。ＴＰＰに勝つには自然栽培しかないと前に書きました。腐らずに枯れる野菜、果物、穀物。体に安心、安全なものを輸出したら外国人は喜ぶに決まっています。家族がいたら妻や子ども、年老いた両親にも食べさせたくなるじゃないですか。先方にとって嫌なものを強引に押しつけるのではなく、喜ばれるものを喜んで差し出す。そうすれば交渉ごとはスムースに運びます。

組織にもこの考えはあてはまります。短命で終わる会社は、自分たちの利益しか考えていない。長続きする会社はお客さんやクライアント、地域から喜ばれている組織なんですよ。JAの存続しか考えていない職員がいると、どんどん農家は消えていき、JAしか残らなくなる。住民のことを考えない役人がいると、役所だけが残って住民がどんどん離れてしまうものなんです。

そのときに肝心なのが、私心《ししん》を持たないことです。利益を上げようと都合の悪いことには蓋をして、いいことばかり話しても「なんか魂胆《こんたん》があるんや」と、相手は警戒します。自分よりも相手の利益を考える私心のない人には、口べたであっても話に乗ってくれる。「こいつは面白いなあ」と思わせることで人の心は動き、物事も動いていくんですね。

滅私奉公の気持ちで取り組んでいると、天佑《てんゆう》（天の助け）が必ず来ます。人とのつながりや良縁に恵まれるんです。私も役人時代に地域のために働いて、それが役に立っていると思われたのか、国から声がかかった。石破茂さんからです。私心を捨てて励めば、必ず誰かが見てくれる。不思議なことに強い援軍となってくれる人に出会えるんですね。

人を動かすために、自分がやって手本を示すことも重要です。

とにかくやってみせて、次にやってもらって、本人が納得しないと人は絶対に動かないんですよ。

役人のときに農家の収入を上げるために、それまでの販売ルートとは異なる直売所を作ろうと生産者に提案したことがあります。「そんなことを言うんだったら、おまえが米を売ってみろ」と非難されたので、私も意地になって、「やります。でも、売れたら店を作ってくださいね」と答えたんです。とはいえ物を売ったことなどなかったから、やり方がわからない。

戦略を考えた末に、ローマ教皇に米を献上してブランド化させることに成功し、メディアにも紹介されて売ることができ、手本を示せたのです。

新しく何かを始めるときは、周りから反対されます。けれど本当に正しいと思ったことは、嫌われてもいいからやらなければいけない。組織の中で評価されたい、地域住民の前でもいい顔をしたいという口先だけの役人が多いのですが、最悪です。上司や住民から好かれたいだけの根性が小さいやつは、人の顔色を見てブレまくり、ろくな仕事はできませんよ。

抜本的に改革するときは、波風を立てるわけだから嫌われる。めちゃくちゃ嫌われます。でも淀《よど》んだ組織、硬直化した組織、沈みかけている組織を変えるには、非難されて孤立しても風穴を開けるしかないんです。私が知っているかぎり、なにかをやり遂げた首長は、みんな嫌われまくっていますよ（笑）。

けれどブレずに実践するうちに「あいつは本当に村のためを思ってやってくれている」ということが伝わると、周りの評価はがらりと変わるんです。

経験則のない人間がトップに立ち、決裁権を持つと無難なことしかできません。失敗が怖いし、責任を取るのも嫌だから、エッジが立たない中途半端なことしかできないんです。でも、そういう人がやる公共事業は、はっきり言って無用なもの。あってもなくてもいいものばかりです。まあ、そのおかげで役所や議会から反対は出ないし、住民の反対運動も起こらないのですが（笑）。

たとえば道の駅、全国どこへ行っても同じようなものしかないでしょう。役所が関わっているからです。

なんと駅長が公務員のところは90％以上が赤字なんです。公務員は、黒字になっても赤字になっても給料は変わらないので、給料の3倍は働こうとするアントレプレナー精神（起業家魂）や経営センスがまったくなく、組織に従順なイエスマンしかいないから、ずれてしまうんですね。それでパクリ業者のような企画書しか作らないコンサルタントにだまされて、大金をどぶに捨てる羽目になる。

十数億円の黒字を出している山口県萩《はぎ》市の「萩しーまーと」の駅長は、元リクルート社員の中澤《なかさわ》さかなさんです。漁村や漁師町の活性化のプロとして、さかなさんとは親しくおつき合いさせていただいていますが、彼も、

「赤字の道の駅を作るのは簡単だ。公務員を駅長にすればいい」

と言っています（笑）。

木村

自分の歩いてきた道は、間違ってなかったとな

平成23（２０１１）年、私が自然栽培の米作りを指導した石川県能登地域、新潟県佐《さ》渡《ど》市の2地域が、ＦＡＯ（国連食糧農業機関）によってＧＩＡＨＳ（世界重要農業遺産システム）に認定されました。

肥料、農薬、除草剤を使わない自然栽培は、「自然栽培ＡＫメソッド」（木村秋則式）として紹介され、国連機関に認められたのは、日本初の快挙です。

自分の歩いている道は間違っていないと信じてやってきましたが、これまでのことが認められて嬉しく思った反面、ここからが勝負。より多くの人に自然栽培を広めていかなくてはいけないと決意を新たにしました。

どんなに大きな木でも細い枝につく葉っぱがなければ大きく成長しない。葉っぱや枝は地方です。地方が日本という国を支えているわけです。

農業従事者の高齢化や後継者不足、そして農業就業人口が２００万人を切ったなどと暗い話もありますが、趣味で家庭菜園をする人が３００万人を超えたというニュースもあります。プロの農家だけではなく趣味でやる人の中にも自然栽培に挑戦する人が増えていけばいいですね。そして地方の仲間が集まって、自然栽培のグループができて、ひいてはそれが地方創生の目玉になればと。

高野さんが関わった富山県氷見市にも栽培指導に行くことが決まりました。リンゴと同じように農薬がないとできないと言われていたイチゴやモモ、ナシが愛知県や岡山県、鳥取県でも自然栽培で生産できるようになりました。ただ、自然栽培のモモは生産量が少なく、プレミアムがついてかなりの高値になってしまったので、手軽に食卓に上ることはないのが現状です。多くの人の口に入るようにするためには、さらに自然栽培を広めていくしかない。

楽をするのは死んでからでいいですよ。

5. 本物は枯れる。野菜も人間も

高野

あいつさえいなければいいという“害虫駆除思想”だけはしてはいけません

私は僧侶《そうりょ》でもあるので、日本で育ってきた仏教をモデルにして地方創生を考えてもいいんじゃないかと思っています。仏教の経典は知恵の塊なんですね。けっして学問だけではなく、生命体が共存共栄するための行動規範になっている。

とくに「山川草木悉有仏性《さんせんそうもくしつうぶっしょう》」、すべての生き物には生まれてくる理由があり、存在意義があるという考え方は、自然栽培にとても当てはまる。

木村さんがよくおっしゃるように、本来、植物はみんな枯れるんですよ。自然栽培で作ったホウレンソウやジャガイモはみんな枯れます。

本物は枯れるんです。

山へ行くと葉がみんなばりばりに枯れて、腐る葉なんてありません。それが腐るのは微生物が食べているからで、人間に警鐘《けいしょう》を鳴らしてくれているんですよ。「これを食べちゃいけないよ」と、微生物や害虫と呼ばれる虫たちが食べてくれるんです。腐ったものにはハエがたかって、わざわざ人間に教えてくれているんです。

食べてはいけないものには虫が来るんですよ。

農家が錯覚しているのは「俺のダイコンを見てくれ。ほら、葉っぱを虫が食ってるほどうまいんだ」と。けれど虫が食うほど危ないんです。化学肥料を使ったり、未完熟な堆肥を使ったりするので、硝酸濃度が高くなって虫が来るんです。それで虫が来るから農薬をまくんです。

山の中のクリには、虫がほとんどいないじゃないですか。なぜ人間が育てたクリは虫だらけになるのか。化学肥料とかよけいなものを使って育てたから、食べちゃいけないものが含まれているので、きっと虫が警告を与えてくれているんです。もし、すべての野菜に虫がつくならば、世界中の野菜を食べ尽くしてしまって、この世に野菜はもう残っていません。そうしたら人間もいなくなってますよ。だから虫にも微生物にも立派な存在意義があるんです。

虫がつくからと農薬をまくような害虫駆除《くじょ》思想は、仏教とは真逆です。いてはいけないものは、最初から地球上にはいないでしょう。何かの役目があって存在しているのに、人間はそこに気がついていない。あいつさえいなければいいというちっぽけな考えでは、地方創生も進みません。地方にあるものはすべてが宝です。こんなものいらない、売りにならないと無視するのではなく、どこかに存在意義を見いだし、みんなで盛り上げていく。また村の中の人間だけで固まって排他的にならずに、若い人や技術のある人をどんどん受け入れていく。そうすると村が活性化していきます。

けっして害虫駆除思想だけはしてはいけません。

そういえば今でも山形などに行くとミイラの僧侶が見られる寺があります。昔の坊さんが即身仏《そくしんぶつ》をやってみせたというのは、よけいなものを体に入れないと枯れるよということを体で示したのだと思います。ところが今の坊さんは腐りますよ。死んだらお腹の上にドライアイスを置いておかないといけない（笑）。

僧侶なのに間違った思想を入れると、心まで腐るんですよ。植物で言うと化学肥料や農薬をまいちゃった状態ですね。

自然栽培のように、よけいなものは何も入れないと人とのいいつながりや良縁にも恵まれます。

これは天の配剤《はいざい》のように感じています。

木村

金儲けが目的で自然栽培をやったらダメだよ。人のためにやらないとな

高野さんは「本物は枯れる」と書いたけど、〝本物〟の人でないと自然栽培は成功しません。

おかげさまで自然栽培が少しずつ広まり、需要も増えてきたので、これはビジネスチャンスだと目論《もくろ》む人が出てきました。そこで、

「金儲けのために自然栽培を始めようと思う人は、今のうちに帰ってください」

私は農業指導に行くとき、必ずこれを言ってから始めます。

自然栽培は人間の都合で肥料や農薬を与えてきたこれまでの栽培法をやめて、作物の都合に合わせた環境を人間がお手伝いする栽培法です。土地を改良することから始めるので、軌道に乗るには少なくとも3年以上を費やします。金儲けだけが目的の人には時

間がかかりすぎるのです。

一方で自然栽培がビジネスの邪魔になるということで、ひどい嫌がらせをされたこともあります。

東京である企業の方々に向けての講演後、道路を歩いていたら、スーツにサングラス姿の二人組に囲まれ、脅《おど》しをかけられました。手の甲に生えた毛を見たら日本人ではないことがすぐにわかった。異変に気づいた人が追い払ってくれたからよかったのですが、あれは怖かった。彼らは捨て台詞のようなものを残しながら去って行きましたが、後日、アポロキャップを寄越《よこ》してきたのです。

そこには「M」から始まる企業名が書いてありました。

いちばんひどい仕打ちを受けたのは、あるところから農業指導を頼まれたので電車で向かい、目的地の駅で降りたら、二人の男が改札口で待ち構えていて、

「改札を出ないでください」

「このまま帰ってください」

となる。何も悪いことをしているわけではないのだから、改札を抜けようとすると、一歩もここは通さないと怖い顔をして邪魔するわけですよ。

指導先ではみんなが私を待っている。かといって彼らともめ事を起こしたら、次に何を言われるかわかったものではない。

「わかりました。じゃ、戻ります」

と引き下がることにしたんですよ。そうしたら駅員が機転を利かせて私の持っていた切符にハンコを押して、「隣駅で降りてください。そこからバスが出ています」と。ありがたかったですよ。

そして無事現場に行って自然栽培のジャガイモ作りを指導してきたけど、このような嫌がらせは本当によくありました。

私は、心が主で、体は従だと思っているのな。

夏の暑いときに水を飲むとき、「ああ、喉が渇いた。水を飲みたいな」と思って飲むか、それとも飲んでから「ああ、水が飲みたかったんだ」と思うか？

水を飲みたいから飲むんでしょう。心が先なの。「水、飲みたい！」って。体は後からついてくるのよ。ビールを飲みたいと思うから、手が動いて冷蔵庫を開けて、缶を取り、プルトップを開ける。でも、今は違う。体が先で心が置き去りになっているから、こういうぎすぎすした社会になってしまっているのだと思います。

自然栽培も、

「安心、安全な野菜や果物をみんなが食べて健康になってほしい」

「地球環境を健全に戻したい」

そう心から思っている人、そういう大きな志《こころざし》を持つ人でない限り成功しません。

金だけが目的で、心からやる気が起きない人は、必ず途中で挫折してしまいます。

6. 海外にも自然栽培ネットワークを

内緒ですが、私のスマホの壁紙、木村さんなんです（笑）

私は今、自然栽培農家のネットワーク作りが急務だと考えています。縁起悪い話で申し訳ないのですが、「木村さん以降」のことをそろそろ考えないといけない時期にきていると思うんですよ。前にも話しましたが「木村秋則式自然栽培」というグループを作るのには反対です。組織を作ると組織を残すことだけに主眼が置かれて、肝心の生産物を買ってくれる消費者のことはないがしろになりがちだし、セクト主義に走って、小さなことで争うようになり、絶対に跡目相続でもめる。こちらが主流なんだ、俺だけが秘伝をこっそり学んだなどと。実際、かつての教え子さんで「この農法は自分が編み出したものだ」と吹聴している輩《やから》もいるくらいですから。

善は徒党を組まないで、悪は徒党を組むんです。で、悪は一つにまとまろうとする。金や権力に目がくらんだ人間は、そこだけで固まるんですよ。でも、善は個人個人が立っちゃうんですよね。で、そこでまとまろうとは絶対しない。

自分が喜ぼうとか、自分が利益を得ようとかではなくて、物事は神や仏の目から見たら、正しいか間違ってるか、どっちかなんですよ。それがわからないとダメだと思うんです。

仮に組織を作ったとしても、木村さんの魂を踏襲する人間が組織を継ぐべきなんです。異体同心で取り組んでいかないと。私利私欲があったり名誉欲があるやつが継ぐと絶対ダメなんですよ。自分に敵対するだれかをはじこうとする害虫駆除思想に陥って、本質から大きくはずれていく。木村さんはそのあたりを懸念《けねん》しているので、生きている間は組織を作らないでしょうね。

自然栽培をやっている生産者からもリクエストが多いんですよ。なんとかして束《たば》ねてくれ！　と。「あんたしかいない」と言われても、私に何ができるのか……。まず考えられるのは指導者ですね。各都道府県にきっちり指導体系を作っていきたい。日本をブロック分けして、北海道ブロック、東北ブロック、信越ブロックとか。そこに拠点となる場所を決めて、学びたい人がいれば、そこに木村さんを呼ぶのではなくて、近い人たちを呼んでやっていくという体制。そういうネットワークを作ってみたいですね。

木村さんは全国各地で栽培指導をしていますが、木村さんの熱意と比べると、自然栽培はまだまだ広まっていないように思えます。木村さんの本を読んだり、講演を聞いたりして感動はしているけど、行動に移していない人が多い。そこをなんとかしたい。地域に希望を与え、人にも希望を与える。それが私のお役目なのかなと思っています。

余談ですが、私のスマホの壁紙は木村さんの写真なんです（笑）。スマホを手に取るたびに自然栽培の意義を自分に言い聞かせています。

あ、そうそう。木村さん、先ほどの話で外国人に渡されたアポロキャップは処分したほうがいいですよ。チップかなにかが埋め込まれていて、木村さんを監視しているかもしれないから……。

木村

ドイツでジャガイモの指導をしたときは、だれも信じないの。この日本人は何言ってるんだと頭がクエスチョンマークだらけのようでな

以前、ＥＵの有機栽培の団体に招かれてドイツのフランクフルトの有機栽培のジャガイモ畑を見に行ったことがありました。ところがそのジャガイモはとても小さい。ピンポン球くらいしかない。不思議に思っていたら、２メートル近い大きな農夫が鼻を膨らませて、

「我々は80年、化学肥料、農薬、除草剤なしでやってきたノー・ケミカル・ファーマーだ。だからイモは小さくて当たり前だ」

と言うんです。で、私、それは違う、いったい何をしているのと思ったの。

その後、彼らが主催の講演会に出て話をしました。通訳の人から、「先に結論を言ってからお話ししてください」と言われたものだから、私、最初に言ったんです。

「あなた方は間違っている」

集まっていた160人ほどのドイツ人、怒り出しました。革靴でコンクリートの床をバンバン鳴らしてブーイングをするんです。靴音はどんどんどんどん高くなり、「おまえなんか出て行け！」とでもいうような異様な雰囲気になりました。

でも、話はやめなかったけどな（笑）。

ジャガイモ栽培は、日本では400年、ドイツでは倍の800年の歴史があるから自分たちのほうが上だというわけです。俺たちのほうが知識も経験もあるのに、日本人のおまえに何がわかるのかと。けれど私も「じょっぱり」、津軽の言葉で頑固者だから引かずにいたら、ならばやってみせろとなった。

もちろん受けて立ったわけですよ。

ジャガイモが小さい理由は、畑の土に指を入れた瞬間にわかったから。

温度計を持って畑に行きました。土の表面の温度、地中10㎝の温度を測りました。案の定です。土の中は、地表より8℃も温度が低かったのです。

そんな寒いところではジャガイモだって嫌がるよ！

私のリンゴ畑、地表と地中10㎝の温度差は0・6℃です。土が軟らかくバクテリアが活発に活動しているから温度差がほとんどないのです。

ドイツのジャガイモ畑はあまりに広大だから、種芋を植えるのを効率化するために重い機械を使っていたので、土が踏み固められていたのです。また地中10〜15cmのところには以前使われていた肥料、農薬、除草剤のせいで硬盤層が残り、そのままになっていたのだと思います。

硬い土の中ではバクテリアの活動は弱くなります。だから温度が低い。私が指導するときは硬盤層を破壊するためにまずはムギを植えます。ムギの根は1m近く伸びるので、硬い土を壊してくれるのです。それからダイズを植える。ダイズは大気中の窒素をはじめさまざまな養分を吸い取り、土の中に還元してくれる働きがあるので、土が肥えてきます。けれどこのときはムギやダイズを植える時間もなかったので温かな場所を選んで種芋を植えることにしました。

また、種芋の植え方にも問題がありました。

ジャガイモは半分に切った種芋を植えて育てていくんですが、これが日本でもほとんどの農家がやっているようにドイツでも切り口を下にして地中10cmに植えていました。けれど芽がでるのは当然切り口ではないところからです。芽がやがて茎になり、そこにイモがつくんです。サツマイモは根につくけれど、ジャガイモは茎につく。けれどそれだと茎はすぐ地表に出てしまうので、ついたイモは太陽に当たってしまう。お日様が当たるとグリーンじゃがになって食べられなくなります。それで土寄せをするわけです。

そうすると手間が相当にかかる。で、ドイツの人は土寄せだけで1ヵ月かかるというわけですよ。なにしろ面積がばかでかい。「ここをまっすぐ行くとロシアに着く」と言うほどジャガイモ畑がずっと続いているんです。けれどそれが800年前から続けている正しいやり方だと言うんですよ。

だから私はイモの気持ちを考えたことあるのかと聞いたんです。

ジャガイモだって冷たいところより温かいところのほうが住みやすいはずです。自分が嫌なものは野菜だって嫌なんです。

その気持ちをな、くみ取ってあげないとな。

植え方もそうです。あなた方のやり方とは逆に切り口を上に植えたらどうだろうと。すると下から芽が出てくるので、ジャガイモの実は下につく。土寄せはいらないんです。

それで、まだ温かさの残る地中5〜6㎝のところに切り口を上にした種芋を植えてから帰国したんです。私の作業を見ていたドイツ人たちは、「この日本人、なにやってるんだ」と頭の中がクエスチョンマークだらけのような顔をしていました（笑）。まあ私は私で、通訳がいないところでは日本語でなんだって言えるから、「なにが農薬や化学肥料を使わない農家だよ！」ってな（笑）。

しばらく経って、「収穫しました」との連絡がありました。できたジャガイモは、大きくて、味が全然違うって。しかも穫れた数も多かったと。以来、この栽培方法はドイツで広まり、およそ3割の農家が大きくておいしいジャガイモを作れるようになったそうです。

きっとジャガイモは喜んでくれたに違いありません。

けれどドイツより日本のほうが頑固かもしれません。ドイツでは3割の農家が変わったけれど、日本は依然として昔のやり方に固執しています。私がやった温度を測る方法、種芋の切り口を上にして植える方法は、農業の教科書に書いていないから。

ほかにも間違った方法を教えている例は多々あります。

作物本来の力を引き出す方法をこれまでだれも教えてこなかったわけです。

第4章

大バカ者こそ世の中を変えられる

1. 失敗しても成功するまでやめないから「成功者」になれる

高野

途中でやめたら失敗になる。結果が出るまでやり続けるから成功するんです

これまで数知れないほどの失敗をしてきました。

羽咋《はくい》市役所に入ってすぐの臨時職員時代に、ＵＦＯで町おこしをしたときのことです。ＮＡＳＡの宇宙飛行士らを呼んで世界初のＵＦＯ国際会議を開こうと、スポンサーから支援金を集める計画を立てました。ならばお金を出してくれるのはここしかないと、羽咋から夜行列車に飛び乗りました。向かった先は、「日清焼そばU.F.O.」を売っている日清食品です。広報部長に面会し、市長のハンコがついた企画書を自信満々にお渡ししたのですが、「今時、総会屋でもこんなことはしない」と呆れて席を立たれてしまったわけです。しばらくして戻ってきた広報部長が持っていたのは分厚い紙束。それをドンと机の上に置き、

「高野さん、こういうときはこれくらいの企画書を出すのがふつうなんですよ」

と。そりゃ向こうも驚きますよね。なぜなら私が見せた企画書はB4の紙切れ1枚で、それで支援金として1000万円出せというのだから。

顔から火が出る思いでした。

でも、恥ずかしい思いをしただけで羽咋には帰りたくなかった。それで広告代理店が作ったという分厚いイベントの企画書をよく見せてもらえないかと頼みこんで、手帳に隙間がないほど企画書作成の要点を書き込んだわけです。後日、企画書を作るときに、その経験がとても役立ちました。

市の議会でUFO国際会議に予算をつけてもらうときも、「そんなイベントに使う金があるのなら冬の除雪費用に回したほうがいい」などと反対意見が多かった。いくら説

得しても流れは変えられません。議会で通らないとなにもできないので焦りました。そこで考え抜いた末に、ある人への協力依頼を思いついたのです。

当時の総理大臣・海部俊樹《かいふとしき》さんでした。

幸いなことに首席秘書官が羽咋の生まれだったので、総理官邸に電話して、世界で初めてＵＦＯ国際会議をやる意義を熱く伝えたら、後日、羽咋市役所にファクシミリがジッジジッと届きました。

「ふるさと創生の『生』の字を『星』に変えた羽咋市民の知恵には私は敬服しました。宇宙から見たら国境がない。私はこの問題に強い関心を抱いており、残念ながら私は出席できませんが、成功裡に終わられんことを祈念いたします。内閣総理大臣　海部俊樹」

総理大臣からの激励メッセージは効果絶大で、それまで反対していた議員たちは賛成に回ったのです。

ローマ教皇へ神子原米を献上したときも、前述のようにすんなり運んだわけではありません。誰に食べてもらえば注目されるかを考えて、最初は天皇・皇后両陛下、次はアメリカが米国ということで、米の国の大統領のジョージ・Ｗ・ブッシュ。そして崖っぷちに追い込まれる中で閃《ひらめ》いたのが、神子原は神の子が住まう高原と解釈、神の子と言えばイエス・キリストしかいないとキリスト教に目をつけて、ローマ法王庁大使館へ連絡して、ようやく成功したのです。

ただ、神子原の農家にとっていちばん重要な問題は所得アップでした。生産者が自分たちで値段を決めて売る直売所を作ろうとしたのですが、１６９世帯中３世帯しか賛同を得られなかった。なぜか？　売れるかどうかわからないからです。そこでローマ教皇への献上米というブランド品を作りあげて、素人の役人でもものを売ることができるんだという手本を示したのですが、それでも農家からは反対の声があがった。

「資本金３００万円ほどで、まずは小さな会社から始めましょう」と伝えたら、

「会社設立なんて、そう簡単なものじゃないげんぞ、わかっとんがかいや！」

「倒産したらどうするげん？　誰が責任とるがいや！」

と非難の嵐でした。米は売れていたんです。けれど会社を作るとなると不安で不安でたまらなくなるんですね。「赤字になったらどうすらんやー！」「誰が責任とるがいや」と反対意見ばかりで、なんと1年で45回も会議をする羽目になったんです。

ただ、腹だけはくくっていました。嫌われる覚悟はできていた。農家が自分たちで値段を決めて売る直売所しか、所得を増やす道はないという理念や哲学が固まっていまし

たから。

はしごでもふらついていたら怖くて昇れないでしょう。はしごは理念なんですよ。理念がふらついている人は、はしごもふらふらして、こんな危ないことはできないとか、落ちたらどうしようとマイナス発想ばかりになって昇れない。行動に移せない。だからふらつかないはしご、つまりブレない理念や哲学を常日頃から持っていないといけないんですね。

これは天井の電球が切れたのと同じで、いくら会議をしても立派な計画書を作っても電球は切れたままだから明るくならないんです。誰かがしっかりしたはしごをかけて、そこを昇って、電球を取り替える作業をしないとダメなんですよ。


そして平成19（2007）年7月に農家が自由に値段をつけて売る直売所「神子《みこ》の里《さと》」を設立することができました。翌年3月までの売上目標は3000万円でしたが、実際は6800万円で、大幅な黒字になりました。生産者名が記入されたキュウリやトマト、カボチャなど神子原地区で穫れた農産物に加えて、神子原米で作ったおにぎりやもちなどの加工品も大人気で、なかには月に30万円も稼いだ人も生まれました。

生産者たちには、

「本当にいいものを直売所で売りましょう。まずいものはＪＡに渡してください」

と言ったら、すぐにＪＡの営農部長が飛んできて、めちゃくちゃ怒られました（笑）。

おかげさまで神子の里はその後も好調です。ただ、この話を進めていたときは役所の人間からは「そんなことはできるはずがない」の大合唱でした。やったことがないのに、なぜ「できない」と答えられるのか。一度、そう言う訳知り顔の人に、「そんなことおっしゃるなら、やったことがあるんですか？」と聞いてみたら、「おお、やらんでもわかるわい」と。

それでこちらもカチンときて、

「やったことないのにわかるのなら、あなたは予言者ですか？」

と嫌みを言ってやったんです。

すると、「きさま、なめとるんか！」って、このときもすごく怒られた（笑）。

「失敗したらどうするんだ」「俺の立場はどうなるんだ」と言う人の意見は、聞くだけ時間の無駄です。一方で、「俺は失敗したことがない」と自慢している人の多くは、なにもしてこなかった人です。なにもしない人は絶対に失敗しないから。また、そういう人に限って、うまくいった場合は「あれはオレが相談にのってやったからできたんだ」と自分の手柄のように話します。神子の里のときもそうでした。私はそういうのを「アレオレ詐欺」と呼んでいます（笑）。

長々と述べてきましたが、何を言いたいかというと、途中でやめたら失敗になるということです。「あの人から断られたからできなかった」などとあきらめずに、違うアプローチ方法を見つけて何度も挑戦し、結果が出るまで続けたから成功したのです。失敗したらどうしようという弱い心に活《かつ》を入れて、動いてみたら案外うまくいったことがきっかけとなりました。

やり方が多少間違っていようが、とにかく実践してみる癖をつけていったわけです。経験のないことすべてがトライの対象なんですね。

木村さんも11年間あきらめなかったから「奇跡のリンゴ」を作ることができた。艱難《かんなん》辛苦《しんく》の一日一秒を過ごす中で、立派なリンゴを作るには農薬は必要だとか、肥料はよく施しなさいとかいう常識が、ことごとく当てにならないことを経験していきました。わずかな可能性を信じたからこそ得られた新しい常識。

前にも書きましたが「可能性の無視こそ最大の悪策」なんです。

木村

貧乏どん底いいとこだよ。それは虚栄心が邪魔したの。世間を気にしてな

昭和53（1978）年から4つある畑のうちの一つで無農薬でリンゴ栽培をはじめて、ようやく2個実ったのが昭和62（1987）年です。翌年にその畑で花が満開となり、成功にたどりつけました。開始から11年。なんでこんなに時間がかかったのか。目には見えない土の中のことに気づいていなかったことは前に書きました。そしてもう一つ、自然栽培でも実るということを早くみんなに見せたかったわけ。虚栄心があったんです。それが最初から間違っていました。少しでも早く実らせて、家族を楽にさせたいという気持ちもあった。

でも相手は人間じゃないわけです。人が作ったものでもない。実るのは私ではなく、リンゴの木。向こうが主人で私は付属品なわけです。

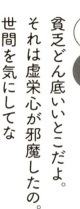

それを早くわかっていたら、もう少し早くできたかもわからないな。

収穫期。他の農家が忙しく働いているときも、私は朝から晩まで実のついてないリンゴの木をじーっと見ているしかありませんでした。

答えは必ずどこかにある。だから常識に囚《とら》われないバカになれ！

部分を見るのではなく全体を見ろ！

自然の中から答えを見つけろ！

何度も何度も自分に言い聞かせながら、あれこれやってきたのですが、リンゴは一つも実らない。それどころか11年の間に、８００本あったリンゴのうち４００本を枯らしてしまったのです。

青森県はリンゴのシェアが全国の60％近くもある主要産業ですから、黒星病や斑点落葉病などの病害虫に関する条例を定めて、肥料や農薬などの資材を使うことにより徹底した管理を行っていました。害虫が多いと通告された畑は、県の指導を無視するとリンゴの木を強制伐採されるうえ３万円の罰金を払わされます。

それほど害虫を怖れていたのな。

この栽培をはじめたころは、実らないことに同情的な目を向けてくれた周りの農家からも、いつになっても葉が落ちて花も咲かない私のリンゴ畑を見て病害虫が自分の畑にもくるのではないかとクレームが来るようになりました。

私が聞く耳を持たないで農薬をまかずに酢とか牛乳とかをまいているものだから、やがて挨拶をしなくなり、無視されるようにもなりました。

「かまど消しだから相手にするな」

とさげすまれるようになり（かまどを消す＝家を破産させる人間という意味）、バカよりもさらにバカ、通信簿でいうとオール1どころかオール0の「ドンパチ」と後ろ指さされたこともありました。

実家からは絶縁され、冠婚葬祭の案内も来なくなり、近所からは回覧板さえ回ってこなくなった。村八分のような状態です。

自分一人でなんでもできると頑《かたく》なになり、意固地になればなるほど人が遠ざかり、友だちもいなくなり、家族以外とはだれとも口をきかない日が何年も続きました。

家族だけが唯一の救いだったけど、その家族にも迷惑をかけ通しでした。お金が入ってこないから貧乏のどん底です。

冬の間に出稼ぎに行って、生活費はひと月わずか3000円。現金収入がないので税金は払えず、健康保険料が払えないので保険証は取り上げられ、電気や電話も止められました。消費者金融数十社からも多額の借金をしました。最初のうちは米が穫れる田んぼがあったからまだよかったのですが、それも売り払うはめになりました。5kg入りの米が買えないから1kgずつ買っておかゆにして食いつなぎ、3人の娘には、女房が気づかれないよう工夫してハコベなどの雑草をおひたしやゴマ和え、みそ汁の具にしていました。

娘たちは5円のチョコを3日かけて食べたり、学校では一つの消しゴムを3等分して使っていました。

娘の学校の先生から「もういいんじゃないですか、お子さんのことを考えてあげてください」と諭されたので、さすがにこたえて女房に「もうやめにしよう」と言いました。するとそれを聞いた長女が、「じゃあ、今までなんで我慢してきたの」と女房に訴えたのです。

周りからは「町でいちばん貧乏な家」と呼ばれていました。

本当に貧乏どん底いいとこだよ。

自宅から畑へ向かうときも、明るいうちはだれかに会って後ろ指さされるので、それがつらくて早朝の暗いうちに出かけ、日がとっぷり暮れてから家に戻りました。

雨の日は畑に出なくてもいいから一息つけたでしょうと言う人もいましたが、雨の日こそいろいろな人間が文句を言いに家にやってきます。

けっして心が安まりませんでした。

やることなすことすべてがダメ。悲しさ、悔しさ、家族を巻き込んでしまった情けなさ、申し訳なさで押しつぶされそうでした。もがけばもがくほど泥沼に入り込み、作業小屋のコンクリートの床の上に何時間もあぐらをかき、床を見つめてばかりいました。それが毎晩です。

思いつめて無口になり、眉間《みけん》に皺《しわ》を寄せてばかりいたので、女房は怖くて声をかけられなかったそうです。

幸いなことに首をくくろうと思って足を踏み入れた岩木山中で1本のドングリを見つけてから好転していったのですが、本当にあのころは私は勘違いをしていたのです。

私の思い通りにリンゴを実らそうとしていたわけです。

けれど実らすのはリンゴの木です。いくら人間が頑張っても、人間の体からはリンゴは実らない。

リンゴのお手伝いをするしかないのです。

リンゴの木と畑の土、そして土の中までしっかり観察して、「目が農薬」「手が肥料」となってリンゴが育ちやすい環境を作るしか人間はできないのです。そのことに気づいてからは、どうしたらリンゴの木が気持ちよく育ってくれるかだけを考えるようになりました。

「かまど消し」とバカにされ、「ドンパチ」と嗤《わら》われ、周りから孤立しても夢を追い続けた11年間。私は本当にバカだと思います。けれどリンゴの無農薬栽培に成功した人はそれまでいなかったし、どんなテキストにも答えは書かれていません。自分が見つけるしかなかったのです。

自分が信じた道をバカになるほど信じていこうと歩き続けてきましたが、でも11年間、悪戦苦闘４０００日だよ！　少し回り道をしすぎたよ（笑）。

2.

職場は舞台。「主役根性」を持って仕事をする！

**お金はありません。
だから徹底的に調べ、
知恵も絞りに絞って考えるんです**

いろいろなプロジェクトがある動きの激しい自治体は面白いものです。職員は大変かもしれませんが、経験したぶんスキルが身につきます。しかも地域の人たちを幸せにできる。

今思えば役所は私にとってのステージでした。だれかに仕事をやらされるのではなく、自分たちが最高の舞台を作るのだという「主役根性」を持っていました。

役人は人の役に立つから役人。役所も地域の人の役に立つ所だから役所のはず。自分以外の人のために働いて、地域の人から感謝され、しかも給料までもらえる。これはすごい喜びです。

だからどんなに理不尽な扱いを受けても役所を辞めなかったのです。


木村さんはリンゴをたえず観察し、リンゴが育つ環境作りに専念しましたが、私も役人時代はいかに金をかけないでおもしろいことができるかを模索し続けました。

その一つに、米のよし悪しを測る食味鑑定に人工衛星を使いました。

アメリカではワイン畑の土壌を調べるのに、人工衛星が使われることがあります。それを知ってイネにも応用できるのではないかとインターネットで調べてみたら可能だとわかりました。

高度450㎞の上空から人間の目に見えない近赤外線（可視光線に近い赤外線）を当てて、水田内のイネの反射率と吸収率を測定し、タンパク質含有率を計算で測る仕組みです。さらに1ピクセル60㎝四方という高解像度で、一度に100㎢が撮影できて、タンパク質含有量も5段階で識別できる。米はタンパク質含有量が高いと食味は低下するので、これにより田んぼのどこの部分の米がいいか悪いかが一目でわかるんです。けれど1回の測定でおよそ300万円かかります。これでは手も足も出ません。でも、ちょっと待てよ、今のは商社を通した料金だ。直接人工衛星を飛ばしている会社に相談するともっと安くなるかも知れない……。

さらに調べました。

するとアメリカの商用衛星を飛ばしている会社が見つかり、料金を見てみるとおよそ37万円。およそ8分の1です。

とはいえまだ高い。策はないか……。

そこで商用衛星を飛ばしている会社に直談判したのです。

「どれだけの精度があるのか、まずは試しに神子原の棚田を撮ってくれませんか。それをもってクライアントに売り込みます」

まずは神子原の米のデータを取ってもらい、それをもって他のJAに、

「人工衛星を使えば、これまでより正確に米の食味鑑定ができます。さらにうちを通せば従来よりもはるかに安い料金で調べることができます。これがその見本です」

と言って、神子原のデータを見せる。

買ってくれるところ、いくつかありました。

もちろん神子原のデータはサンプルのために撮ったのだから無料です。役所での人工衛星ビジネス、一石二鳥で成功しました。もちろんお金があったらこんなこと考えません。

お金がないから知恵を絞りに絞って考えるんです。

「役所で人工衛星？」と、失笑したり反対する人間は役所内にいました。ところが批判する人は、やったこともないのに「ＮＯ！」と言っている。可能性を無視しているわけです。そういう連中の声には、いっさい耳を貸しませんでした。

時間の無駄だから。

木村

リンゴの木1本1本にみんな特徴があり、言うことを聞かない木もあるのな

リンゴの木は品種の違いもあるけど1本1本みんな違っています。人と同じようにそれぞれ個性がある。もちろんこちらの言うことを聞かない木もあります。リンゴの枝は横に伸びるけど、縦に伸びるものがあったら紐で引っ張るのよ。すると木も観念するのかな。直るのな（笑）。

無肥料、無農薬をはじめて4〜5年のころから毎日リンゴの木に話しかけて歩きました。はじめのうちは、

「1個だけでもならしてちょうだい」

です。けれどリンゴはもちろん何も答えてくれません。やがて押せば倒れそうなほど木が衰えるようになると、

「花も実もつけなくてもいいから、枯れないで耐えてくれ」

と言うようになっていました。

話しかけようと思ってしたわけじゃなく、気づいたらやってたんです。リンゴの木に申し訳ないなぁと。隣近所の畑からは「だれと話してるんだ」って言われました。おかしくなったってな。

それで気後《きおく》れして隣近所との境界にあるリンゴには声をかけなかったのだけど、その82本の木は枯れてしまいました。

私は、すべてのものに心があるって気持ちなわけです。リンゴの他にも野菜にもイネにも、「ああ、よく頑張ってるね」と話しかけて歩いていた。で、声をかけたところは元気がいいの。

人でも嬉しいことはイネでも嬉しいということなんでしょうね。

だから農家に指導に行くときは、いつもみんなに言うんです。作物にはやさしい言葉をかけろってな。

高野さんも「すべてのものに心はある」とよく言っています。

そのことがよくわかるおもしろい実験があります。キュウリの巻きひげです。

以前、関西のキュウリの生産者のところへ行きました。過去に自然栽培を教えたところで再訪となります。どうしてるかなと思って畑に行くと、そこのだんなさん、曲がったキュウリを、どんどんどんどん通路に放り投げていくわけ。せっかく肥料も農薬も使わないで作ったのに、キュウリがかわいそうだなって見てたの。奥さんは奥さんで「お父さん、投げなくてもいいでしょう」ってな。二人ともこちらに背を向けて作業していたから、私が来たことを知らなかったわけです。

それで「しばらく」って声をかけたら、二人ともびっくりしてな。あれこれ話したあとで、ふと思い立ってキュウリを持ち、「ご主人、指を出してごらんなさい」と言ったんです。するとキュウリの先から出ている巻きひげはご主人の指には絡んでいかない。次に奥さんがやったら絡んだ。

これで人の性格がわかるんです。キュウリが人を見抜いているわけだよな。

人間だけがいちばんだと思っちゃ間違いです。

かつて昭和天皇がおっしゃったという言葉を思い出します。

「雑草という草はないんですよ。どの草にも名前はあるんです。どの植物にも名前があって、それぞれ自分の好きな場所を選んで生を営んでいるんです」

3. バカになることで「心の力」を強くする

高野

「人体政治学」「人体経済学」が、資本主義に代わる新しい主義になると思っています

私は木村さんと出会って、自然栽培が宝に見えたんですよ。宝でも国の宝、木村さんも国の宝に見えたんです。この人を日本から出しちゃダメだと思いました。木村さんがリンゴが実らなかった11年間を耐えられた理由は、おそらくだれもができないと思うことをやり遂げる信念の力ですよね。

けれど地元の弘前では自然栽培をやる農家がほとんどいない。理解者が少ないんです。講演も日本全国でしているのに、弘前では1回もしたことがないんですよ。異常な世界です。

木村さんは「バカになれ！」とおっしゃっていますが、まさに想念なんです。念の力ですよ。要するに心の力です。物質とエネルギーと心。この三つが等価関係なんですよ。心の力があればエネルギー化できるし、エネルギーがあれば物質化できるんですよ。あるいは物質に影響を与えることができる。そして物質もエネルギー化できる。これは仏教が説《と》く世界なんですよ。

仏教の考えは地域社会にもあてはまります。

社会を構成する最小単位は人なんですね。人間が集まって家庭を築きます。家になります。家が集まって村や集落になる。それが集まって町や市になり、県になって国になる。だから人間の体の中で起こることは、村でも起こるはずです。村の最小単位は人だから。

たとえば過疎高齢化でやせ細った村を自分の左手だと思えばいいんです。どうしますか？　いらないから切ってしまえと害虫駆除的な思想をしますか？　豪雪地帯の過疎地に住むのがいけないんだ、平野部に下りてくださいという施策をとる地方もありますが、それで本当にいいんでしょうか？

自分の体で考えてください。もし左手がガリガリにやせてしまったら切断しますか？なんとしても元に戻そうとするんじゃないですか。私が過疎高齢化の神子原地区を立て直そうと思ったのは、このようなリハビリです。リハビリを村でやれば、人間でさえ元に戻るのだから村は確実に元に戻ると考えたんです。

人間の体には必要な所に必要な血液が巡っている。人間の体は取り巻く環境が変わっても、体温維持や血糖値の調整、浸透圧の調整など生きていくうえで重要な機能を正常に保つ働きをしているんです。体の危機管理システムが働いているんですね。リハビリ運動をすると血流が生まれ、栄養も行き始める。だから限界集落の場合、リハビリ運動は「交流」、血液は「貨幣」と考えて、まずは求めるものはお金じゃなく運動、つまり人と人との交流と考え、人を集める方法を考えたというわけです。

疲弊した村は運動できないからやせる。人を集めないから地域住民との交流も生まれず、置いてけぼりを食ってしまうんです。けれど運動させれば人と人の交流が生まれ、ひいては血流がよくなって村にお金が回り出し、周りの細胞、人々にも行き渡っていく。

右手と左手はけんかしないですよね。ナイフで左手を刺して、「よかったね、ライバルの左手がいなくなって」とは言わない。痛みは全身に伝わるんです。そして体全体で治そうとするんです。

これを私は「人体政治学」「人体経済学」と呼んでいます。この人体主義は、資本主義に代わる新たな主義だと考えています。ここに究極の理想があるんですよ。

頭はこんなにバカなのに、体は天才なんです。地域社会の生き方は、自分の体が教えてくれているんですよ。

怪我したらみんなで治そう。ここなんですよ。

がん細胞だけは違う生き方をしています。血管に穴あけてバイパスを作って、自分たちだけが栄養を吸い取り、自分たちだけが膨れていく。気がつくと母体が死ぬんですから。ある意味では地球上で私たちは、がんのような生き方をしているんじゃないか。大量生産による金儲けを目的に農薬、肥料、除草剤を農家は使い、消費者は安いという理由だけでそれを食べ続けている。

このままでは人も地球も滅んでいきますよ。

木村

一つのものに狂えば、必ず答えに巡り会えるものだと思うのな

地動説を主張したイタリアの天文学者、ガリレオ・ガリレイは変人扱いされました。けれど彼は今では正当な評価を得ています。ガリレオ・ガリレイが当時の常識をひっくり返すような「バカ」だったから、世の中は大きく変わったのです。

私の自然栽培への挑戦も傍から見たらバカだったでしょう。リンゴの収穫は年に1回しかありません。いろいろなことを試すには、年に1回ではあまりにも少なすぎます。最初の年は一つの畑だけで挑戦しましたが、少しでも早く成果を上げるために翌年には残りの三つの畑で無農薬を試しました。収入のことを考えれば、成功するまではどこか一つを慣行栽培のままにしておいたほうがいいに決まっていたのですが、一度決めたら猪突猛進してしまう私にはそれができませんでした。

いくら周りから嗤《わら》われても、自分がやっていることを自分で信じなければなにも生み出せません。

一度なにかに夢中になったら、他のことが目に入らない性分なので、「リンゴバカ」に徹しようと思い続けた11年でした。

一つのものに狂えば、必ず答えに巡り会えるのだと思います。とことんのめりこまないと気づかないこともたくさんある。そこに気づける人だけが世の中をあっと驚かす、時代を変えるような大きなことを成し遂げられるのだと思います。高野さんは、

「可能性の無視は最大の悪策だ」

とよく言われますが、やる前から無理だと心の中に壁を作ってしまう前に、バカになるほどのめりこむのもいいことなのではないかなぁと思います。

本当にバカになるほどやったのが観察でした。

周りからは呆れられるほど畑の周りを徹底的に観察しました。

よく見たのがタンポポです。タンポポは咲いている場所で大きさに違いがあります。

肥料や農薬をまいている畑のタンポポは背が低く、花も小さい。あぜ道に咲いているタ

ンポポも茎が細く花も小さい。けれど山に咲いているタンポポは、茎が太く花も大きいのです。だから私は女房に、

「畑に咲いているタンポポが、山のタンポポと同じくらい大きくなったらリンゴは実るよ」

とよく言っていました。そして案の定、11年目にリンゴの花が満開になったときにはタンポポも山で咲いているものと同じくらいの大きさになっていたのです。タンポポがしっかり根をはれるような土の状態に、私の畑も改良されていったわけです。

ヒマワリは太陽を向いて咲くのは有名ですが、ダイコンは時計回りをしながら地中に入っていきます。これも葉っぱに印をつけて日の出から日没まで観察してわかったことです。ずっと右回りで動いていました。私が作るトマトは横に寝かせます。風が吹いてトマトの苗木が倒れたとき、ついそのままにしていたら茎からいくつも根が生えていました。すると土中の栄養分をいっぱい吸って、立派なトマトができあがりました。前に述べたジャガイモの種芋の植え方もそうです。

アブラムシはリンゴの若い柔らかい葉が出ると、どこからかやってきて葉をびっしり埋め尽くします。アブラムシを食べるので有名なのはテントウムシです。じゃあテント

ウムシは一日に何匹アブラムシを食べるか答えてくださいと聞くと、だれも答えられません。

読者の皆さんは何匹食べると思いますか？

10匹ですか？　でも、10匹食べるだけでいい虫と言えますか？

1万匹？　それだといい虫と言えますね。

そこでいったいどれくらい食べるのかと思い、観察をしてみたんです。テントウムシが飛ばないようにご飯粒で羽をのりづけして、アブラムシのところに置いてみたのです。一日中観察を続けた結果、せいぜい5～6匹でした。少なかったんです。幼虫のほうがたくさん食べて10匹ほどでした。一度の実験では正確なデータが取れないので何度もくり返しました。結果は同じです。なかにはテントウムシの背中の上を歩いて行くアブラムシもいたほどでした。

ところがナメクジのようなハエの幼虫は、テントウムシよりもはるかに多くアブラムシを食べました。この幼虫、図鑑には載っていません。専門家に聞いてもわかりませんでした。テントウムシはアブラムシをいちばん食べるという常識はどうやら間違いだったようです。昆虫学者として有名なファーブルは本当に観察していたのかなと（笑）。

また、ガも雄と雌では飛び方が違うこともわかりました。皆さんはガが飛んでいると、「あ、ガだ」と見ているだけでしょう。けれど「あれは雄のガだ」「あっちは雌のガだ」と見分ける方法があるんです。

雄は上から下に回りながら飛ぶんです。雌は下から上に回って飛ぶ。雄と雌でこのような違いがあるんですよ。

人に言うと驚かれるけど、リンゴがならなかったときは時間だけはたくさんあったので、私は畑で一日中、このような観察を続けていました。

「バカになれ」

と、講演会で私がよく言うのは前に述べたとおりです。常識に囚《とら》われず、バカと言われるくらい夢中になれということです。

朝から晩までリンゴの木の下に寝転んで、やってくる虫を飽きずに眺めたり、虫眼鏡でどの虫がどの虫を食べるのかじーっと観察したり、ハマキムシの卵の数を数えたり、あるいは温度計を片手にあちこちの土の温度を測り続けたり……。

そんな私の姿を見て、人はおかしいと思ったことでしょう。けれどそうやって観察し続けたから、土の温度や虫の生態など、教科書に載っていなかったことに気づくことができました。常識は人が作ったものだから、間違いもある。肥料や農薬を使うことが正しいと洗脳されていたことに気づいたからこそ、リンゴを自然栽培で育てるという大バカなことに成功したのかもしれません。

今でもリンゴが実らなかったら、どうしていただろうなって思うときもあります。でも不思議に実ってくれたのでな。

まだ自然栽培は少数派ですが、今から数十年後には常識になってほしいと思います。「あのバカがやっていたことは正しかった」と。

いつごろからか私が作ったリンゴが「奇跡のリンゴ」と呼ばれるようになったけど、私はただリンゴを作っているだけではありません。100も1000もの失敗の中から得たことを農家の仲間に伝えることも重要な使命だと思って全国を走り回ってきました。

だから11年間の苦労の末にリンゴが実りました、はい、終わりというわけではありません。

けれどリンゴが実ってから後のことをマスコミはどこも聞いてくれないの（笑）。

4. 組織内で評価されてもろくなことにならない

高野

**私はこれまで人にほめられようとか
認められたいとかいう気持ちでやってきたんじゃないですよ**

人から好かれようとか、組織の中で評価されたいとか、人から認められたいとか、集落からほめてもらいたいとかいうつもりで私は仕事はしてません。そんな動機を持つとろくなことにならないんですね。

人が知らなくてもいいんですよ。

天知る、地知る。これだけで十分だと思っています。日蓮聖人も、

「愚人《ぐにん》にほめられたるは第一のはぢなり」

とおっしゃってますから。

マザー・テレサ、カトリックの修道女で、インドの貧民への献身的な奉仕活動で知られた方ですが、コルカタで生前にお会いしたときに、

「ノーベル賞を受賞されてすばらしいですね」

と挨拶をしたら、

「私は人に認められたいからやってるんじゃありません」

と怒られた。言外の意味はなにか？

神だけが知っていればいい。

そういう答えでした。

だから人に迷惑をかけない限り、なにか事を起こすにしても、とにかく批判されてもやってみればいいんですね。正しいと思ったことは、嫌われてもいいからやってみる。後々誰かに気づいてもらえばいいだけです。そうした気持ちがないと最終的にはうまくいかない気がします。

私がやってきたことは地元の北國新聞の社説で叩かれました。そうしたら「犯罪以外なら俺が全部責任を取ってやる」と言ってくれた上司の池田弘さんが、

「おい、今日の新聞を見たかいや？　特集記事に出とんぞ」

と喜んでくれた。見たら批判社説なんですよ。

「いいがいや、社説にまで書かれるげさかい」

根性の小さい人間が上司についていたら大変なことになってましたよ。

「大問題だ。おまえ、この責任をどう取るんだ」

と、必ず責任転嫁してきます。あのときも周りからは非難囂々《ひなんごうごう》でしたが、池田さんだけが喜んでくれた。ありがたかったです。でも、木村さんが11年間も自然栽培のリンゴ作りに挑戦したように、何回も何回も失敗するからうまくいくようになるんですよ。そしてたとえ成功したにせよ、評価はあとでいい。先に評価をもらおうとするから奇妙なことをするんですよ。人から高い評価をもらいたいという考えで物事をやっちゃダメなんですよ。

「銅像立ててやろうか」と私は言われたことがあります。そんなもの喜びませんよ。嬉しくないですから。まあ生きている間は評価されないですよ。後から評価はついてくる

ものなんです。

残念だったのが、私の著書『ローマ法王に米を食べさせた男』を原案にしたテレビドラマ「ナポレオンの村」（ＴＢＳ系列）が全国放映されたときに、羽咋市役所では１枚のポスターも貼られなかったことです。羽咋の名前をもっと世に広める絶好の機会だったのに、なにもしなかった。役所のことが悪く描かれると困るから協力できないと言うのです。

一方で永田町の石破茂さんの執務室に行ったら、「これは地方創生のドラマだから」と、ポスターが執務室のとても目立つところに貼られていました。嬉しかったけど、ちょっと恥ずかしかったです。

とにかく行商して歩きなさいというのはよ、自分の作ったものに責任を持ってほしいんですよ

昭和63（1988）年にリンゴの花が満開になり、実をつけたあとは販路探しです。直接買ってくれるお客さまを探そうと行商をしましたが、まず売れなかった。あのころは、肥料や農薬を使わないリンゴに関心を持つ人はほとんどいませんでした。しかも形は不揃いだし、色も鮮やかではないから見栄えは悪いです。なにより実が小さかったの。摘花《てきか》できなかったからです。

花を摘むことでリンゴは、残った花にそのぶん栄養が回り、実が大きくなります。けれども11年間も待ってようやく咲いた花だったので、もったいなくて摘めなかった。すると本当に小さなものができてな。そんなもの……だれも買う人いないよな（笑）。

商品にはならないからジュースにしてくれる加工業者を探しあてたのですが、見たこともないくらい小っさいから「これ、本当にリンゴか?」「もう少し大きいのできないの?」と呆れられた。そこをなんとか頼み込んで買ってもらいました。

この年の総売上はおよそ3万円でした。全部加工用です。

でも長い間リンゴの収入がなかったので、わずかな額だけど私には大きな一歩でした。なにしろ自然栽培をやって初めて得たお金だったからな。

平成2(1990)年の秋には、大阪駅着でリンゴを数ケース送って大阪城のお堀沿いで売りました。リンゴ箱にリンゴを1個200円で並べたのですが、お昼も食べないで1日立ち続けたけど、誰もお客さんがこっちに来ないの。

隣には奈良から来た農家がカキを売っていたけど、あの人も売れなかったなぁ。お互い「さっぱりだな」と言いながら、「これもらうよ」と私はカキを食って、向こうはリンゴを食べてな。カキは肥料をばんばん使った立派なもので、青森では気候の影響で渋ガキしか実らないからおいしく思えてな。あのころはまだ歯もあったから、ずいぶんごちそうになりました。カキ屋さんも「これ、小さくて形が悪いけどうまいね」と私のリンゴを喜んで食べてくれた。

夜はお金がないから段ボールを敷いて野宿です。カキ屋さん？　家が奈良で近いものだから帰ってしまった（笑）。

2日目の午後に4人連れの女性がはじめて立ち止まってくれたんです。

「農薬や肥料を使ってない？　でもずいぶん見栄えが悪いわね」

と言うものだから、「食べてみてください」と1個さしあげたんです。

すると「おいしい！」って。

城を見た帰りにまた寄るって言ったけど、本当に買いに来てくれてな。うれしくて、袋にいっぱい入れて差し上げてしまった（笑）。寄ってくる人もいなかったから、もうお金を取る気もなくなってな。その方が苦労の末に実ってくれたリンゴの最初のお客さん。今では90歳を超えていますが、ずっとおつき合いは続いていて、毎年リンゴを送っています。

宅配もやりました。

宅配は稼ぎにならないと言われていたけど、私は地元では受け入れてもらえなかったから、他に売る方法がなかったの。だけど注文が来ても発送料が前払いだから払えないのよ。お金がないから。それで工事現場へ行ってブルドーザーなどの重機のオペレーターをやり、本当は月末払いのところを日当でくださいと頼んで1万円ほど稼ぐと5〜6ケース発送し、またアルバイトして発送しての繰り返し。

翌年には弘前物産協会から横浜髙島屋で青森県物産展をするので出店してくれないかと依頼があり、行ってきました。

私の売り場はどこだったと思いますか？

エスカレーターの下の空きスペースだよ。段ボールを敷いてリンゴを並べたけど、そんなとこだれもお客さんは来ないよ！

午前中はだれからも気づかれることなく売上はゼロ。それで午後からは段ボールを切ってメガホンを作り、エスカレーターに足を踏み入れようとする人に向かって「肥料、農薬を使わないリンゴです！」と呼び込んだら、それで売れた。人前で叫ぶのは別になんともないのな。結局、売れに売れて、30ケース用意したところ、23ケースもさばけたんです。1ケースには、つがるという品種が23〜25個入っていました。まだそのころは実も小さかったんです。

かなり評判を呼んだものだから百貨店の待遇が百八十度変わって、次の日は人目につくいい場所に移動してくれたわけ。しかも「無肥料、無農薬のリンゴ」という看板まで作ってくれました。そして「あまり売らないでください」と言うんです。物産展は1週間あるから、客寄せの目玉として残り6日間、ずっといてほしいとな。翌年もまた呼ばれて、3年続けて出店することになりました。

売れなかったときは、なんで理解してもらえないのかなぁ、どうやったら売れるのかなぁと考え続けました。今もそういう悩みを持つ人は多いと思います。けれど自分が作ったものを自分で売ってこそ生産者ではないかと。

自然栽培を始める生産者には二通りいます。

安心、安全な食材を買って、食べてくれるお客さんの笑顔が見たい生産者。

単価が高くて、肥料、農薬、除草剤を使わないから経費もかからないのでビジネス面で有利と考える生産者。

しかし共通の問題点は、作っても売るところがないからとあきらめる生産者がいることです。そこで自然栽培を普及させるためにはまず売るところをと東京・品川の戸越に「自然栽培の仲間たち」という店を開いたのですが、今度で、生産者は買い取り価格が高いところにしか出荷しなくなるわけです。少しでも高く買ってくれるところをころころ替えていては、消費者との信頼は生まれません。１個が数千円もする果物や１万円以上もするジュースを売る人もいますが、ちょっと度が過ぎないかと思うこともあります。

いずれにせよ自分が作ったものに責任を持ち、自分が売るんだという決心がないまま店やＪＡに寄りかかって、他人のふんどしで売るというのはどこか違うような気がします。自分が作ったものに責任を持ってほしいから私は、生産者たちに「行商しなさい」といつも言っているんです。

そして自然栽培は特別なものではなく、だれでもどこでもいつでも買える、お求めやすい値段にするのが私の義務でもあるのかなと思っています。

5. 今あるものに頼ろうとするから状況は打開できない

高野

たとえ閉塞感があって四面楚歌という状況であっても下ばかり見ていては打開できません。ひょいと上を向いたら意外と開けているものなんです

問題の解決の仕方についての講演もよく頼まれます。理論ばかり学んでいる人は多いけど、「じゃ、やってごらん」と言うと、なかなかできない。行動したくても、どこでなにをしていいかわからないと答える。今あるものに頼って何かをしようと考えるから、そうなるんですよ。

「働く場所がない」と愚痴《ぐち》る人はけっこういますが、そういう人には、「じゃあ、働く場所を作ればいいじゃん」と答えています。「作ればいい」という発想をしないんですね。


「行きたい会社がない」

「じゃあ、会社を作ればいいじゃん」

「仕事がつまらない」

「じゃあ、面白い仕事を作ればいい」

「投票したい政党がない」

「じゃあ、政党を作ればいいじゃん」


私なんか役人になる前は政党を作って、副党首になった経験があるくらいです（笑）。

何に対しても不平不満を言うのではなく、自分が納得するようなものを作り出せばいいだけの話なんです。


勤める会社がないなら、会社を作ればいいだけの話なんですよ。

だけどそこにはたどり着かず、現状を憂《うれ》うだけ。わざわざ閉塞《へいそく》するような考え方を自分で取ってしまうんですね。発想が直線思考になってしまって、なぜ迂回《うかい》したり立体的にものを見ようとしないのか。学歴はあるけどおバカな連中が多くなっていることに危機感を覚えます。

「いつアイディアを考えるんですか？」

と聞かれることも多いけど、歩いている途中であったり、お経を上げているときだったり。どこかで自分を見ているんですよ。あれ、お経を唱えているのに、なんでこんなことを考えているんだろうって、別の脳が働いている。経本を読んでいるんだけど、違うことを考えているんですよ。不謹慎だと思うこともありますが（笑）。

集中しているようで意識はあちこちに飛んでいるんでしょうね。コックピットにあるスピードメーターとか油圧計とかの計測器を、わっと瞬間的にいろいろなものを見ながら運転する、あの感覚です。そして瞬間、瞬間に閃《ひらめ》いたことは、まずやってみようと。ルイ・ヴィトンで神子原米の米袋を作っちゃおうとか。発想や思考の方向性が散文的なんですよ。木の根っこみたいにそこらじゅうにあるんですよ。そして閃いたアイディアの根っこを深くすーっと伸ばしていく。

人間は一直線じゃなく多層的なんでしょうね。集中しようと思えば思うほど違うビジョンがびよーんと出て来て。脳の不思議ですよね。過去にも現在にも未来にも意識を飛ばすことができるほど自由なんですよ。身体は三次元で縛られているんだけど、意識だけは自由自在にあちこちへ行ける。なにかをプランニングするときは、この心の力を使えばいいと。

たとえ閉塞感があって真っ暗で、四面楚歌《しめんそか》という状況でも、下ばかり見ていては打開できません。ひょいと上を向いたら意外と開けているものなんです。どこからか光が差すところがあるはずですよ。身体は有限だけど頭の中は無限の世界を持っているんです。時間空間を簡単に飛び越える。ぶっ飛ばせるんですよ。

だから、なんでも考えてみることに価値がある。

そしてなにより大切なのが他の人が喜ぶことを考えること。自分が面白いと思ったことは、自分の中だけで終わらせないで、世間の人も面白いだろう、喜んでいただけるだろうと思い、こんなことをやりましょうよ、と提案してみる。だから閃いたことはとにかくやってみる。挫折することは当然あるし、芽が出ないこともあるんだけど、なんか伸びていくんですよ。

きゅーっと。

木村

「足りない、足りない、工夫が足りない」。これ、いい言葉だよな

昔、新聞紙でリンゴにかぶせる袋を作りました。その新聞がなぜか昭和18（1943）年発行のもので、そこに「足りぬ足りぬは工夫が足りぬ」と書かれてあった。戦時中のスローガンです。しかもそれ、リンゴにかぶせるものだから100枚が一束になっていて、使っても使っても「足りぬ足りぬは工夫が足りぬ」の文字が目に飛び込んでくるわけよ（笑）。

まあ、失敗続きだった自分が、ようやくリンゴを実らせることができたあとの話だけど、喜ぶのはまだ早い、おまえにはまだ工夫が足りないというどこかからのメッセージなのかもしれないと気を引き締め直しました。

今、若者たちは、よくこんなことを言います。

「あの人の言う通りにやったら失敗した」って。ああいうのを聞くと、足踏みたくなるな（笑）。間違ったのは自分なんだから「すみません」で済むところを、自分には責任ないんだって人のせいにしているわけです。

以前、車の追突事故に遭遇したのですが、そしたら「ここに車がなければ、私は事故を起こさなかった」って言った人がいたわけです。前に車がいなければ事故しなかったって。そんなことはないだろうと呆れましたよ。

なんで自分を省《かえり》みないで、すぐに人のせいにするのか。なんだか殺伐とした世の中になってきたようで、これからが不安です。

とはいえ消費者のことを思って自然栽培に励む人々が増えてきているのは朗報です。FacebookなどのＳＮＳでも自然栽培を応援しようというところも出て来ているし、ありがたいなぁと。今から30年以上も昔のときは、考えられなかったことです。続けることはいいことだと改めて思ったし、正しいことは必ず残るんではないかなあと一つの自信を持ったな。

別に私がやっていることがいちばんすばらしいとは思っていませんが、私がやってできたのだから、これからの人には、もっといい方法を考えてほしいなあと思うんですよ。

もう私なんて踏み台でいいのよ。

次の世代の人たちが、

「いや、木村はこうやったけど、こうしたらもっといい」

となる。私が11年間も一人でやっていたのとは違って、100人やったら100の答えがあると思う。その中でこれからに活かせるアイディアや方法が一つでも二つでも生まれてこないかなあと。

それをとっても期待しているんですよ。

第5章

自然栽培の国策化で農業輸出大国になる!

1. 新しい活躍の場を求めて

木村

温暖化で植生分布図が変わったの。
これからは北海道の農業が伸びると思います

地球温暖化の影響で植生分布図が変わってきているように、北海道の十勝《とかち》でもリンゴの栽培が可能になりました。冬場は土が25cmも凍る地帯ですが、温暖化の影響なのか実るようになったのです。

この十勝で自然栽培を牽引《けんいん》しているのは、折笠《おりかさ》健《ますらお》さんが代表を務める折笠農場です。15年前にジャガイモの自然栽培に取り組んで以来、今では95haの広大な農場のうち28haの有機JAS認証を取得した畑で、大袖の舞《おおそでのまい》(ダイズ)、エリモショウズ(アズキ)、クロマメ、黒千石《くろせんごく》(ダイズ)、ハルキラリ(コムギ)、リンゴ各種など10品種を自然栽培で作っています。

折笠農場のすばらしいところは、地元の大学をはじめいろいろな専門家の協力を仰ぎながら、土壌学、微生物学、昆虫学、育種《いくしゅ》(品種改良)学などの客観的な視点から、病気に強く、しかもおいしい作物づくりに取り組んでいることです。

とくにジャガイモの育種では地元の大学とプロジェクトを組んで880個体のジャガイモから病気に強くておいしい品種を作る試験をして、そのなかで成績のよかった「さやあかね」を中心に自然栽培を始めました。収量は慣行栽培の半分以下ですが、おいしさの面でかなり評価されており、飲食店への販売など幅広く展開しています。また、栽培を始めて4年後には、そうか病というジャガイモ特有の病気がまったく発生しなくなったことにも注目しています。

なにより北海道で大規模な自然栽培を成功させることにより、安定した価格で消費者に継続的に供給できるので、農薬や化学肥料を使って栽培した物は食べられないアトピーなどに悩む消費者に、とても喜ばれています。

折笠さんはこのほかにも自分たちで30種類以上のジャガイモの品種試験を行っているとのこと。このように学者や技術者と協力し合いながら、日々向上に努めている折笠さんのような生産者がもっと増えたら、自然栽培はもっと広まり、今よりも安くて、しかもおいしい食材を多くの消費者の食卓にお届けできるはずです。

折笠さんのジャガイモは安心、安全なのですが、全国に目を向けると、そうか病対策で土壌殺菌剤をまく農家が多いことには注意が必要です。キャビン付きのトラクターがある人はいいけど、そうでない人は防毒マスクのようなものをかぶってポンプから噴射する。相当毒性が強いので皮膚に付着でもしたら大変なことになります。そういうのが付着したジャガイモを消費者は食べるわけです。

ところが自然栽培では、そんな殺菌剤は無用です。

ちなみに土壌殺菌剤は北海道のほかに愛知県、長野県、群馬県でとくに多く使われています。いずれもキャベツの有名な生産地です。それまでは中国野菜が農薬まみれでいちばん怖いと言われてきたけど、そんなことないよ、日本の野菜もかなり危ない。

「国産野菜」の表示に安心してはいけません。

高野

だれもやろうと思っていないから、進んで私がやるんです

羽咋《はくい》市役所にいるときに、滝谷《たきだに》という場所にある妙成寺《みょうじょうじ》の国宝化をめざしていました。

妙成寺は鎌倉時代の永仁《えいにん》２（１２９４）年に日蓮聖人の弟子の日像《にちぞう》がこの地に建立し、江戸時代には前田加賀藩から手厚い庇護《ひご》を受け、三代藩主の前田利常《まえだとしつね》の母・寿福院《じゅふくいん》の菩提寺《ぼだいじ》としても知られている日蓮宗の北陸本山です。江戸期に建てられた34・１mの高さの五重塔は北陸随一と呼ばれ、本堂や祖師堂《そしどう》、経堂《きょうどう》、鐘楼《しょうろう》など10棟が国の重要文化財として指定されています。けれど参詣《さんけい》者の数があまりにも少ないので、日蓮宗の僧侶でもある私は、悲しい思いでいました。

それまで市では、国宝化を目指して地元の政治家と一緒に文化庁に陳情に行っていた

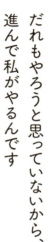

のですが、うまくいかなかった。当たり前ですよ。政治家に圧力をかけるやり方だと、調査官や文化庁職員の方々を愚弄することになり、印象が悪くなるに決まっています。こういうセンスのないことは絶対やってはいけない。それよりも歴史的な価値、宗教的な価値、建築物的な価値、学問的な価値など多面的に学術的な積み上げをしていくほうがいい。

そこで「ここ数年のうちに妙成寺を国宝にします！」と市長に宣言してしまいました(笑)。今まで誰もやれなかったことをやってのけるのは、私にとって何よりの喜びですから。役所を退職した今でも継続して進めています。

もちろん勝算はありますよ。

これまで建造物が国宝に昇格されたケースを調べてみたら、解体修理が大きな鍵となっていたことがわかりました。解体してバラバラにしたときに、新たな建築技法などがわかって国宝になったケースがほとんどでした。ただ、檀家《だんか》の数が60軒にも満たず観光客も少ない妙成寺には、解体する費用はとうてい捻出できない。そこでＳＡＲ（合成開口レーダー）という地表観測装置や赤外線調査などで、地中に埋まっている礎石《そせき》や石組みなどを非破壊測定することにしました。

現在、元近畿大学理工学部教授の桜井敏雄《さくらいとしお》さんを中心に委員会を結成して、いろいろ調べていただいているところです。柱が高根継《たかねつぎ》という珍しい技法だったり、ふすまが京都の桂離宮のものと同じだったり、興味深いことがわかってきました。皆さんも今後を期待してください。

敷地内には、「寺の中にある道の駅」というコンセプトで、「寺の駅」という自然栽培のそばやおにぎり、ぜんざい、甘酒などを出したり、自然栽培に特化して米や野菜、果物などの食材を売る店をオープンさせました。

仏教のいちばん大切な教えに「不殺生戒《ふせっしょうかい》」があります。自然栽培は農薬を使って虫を殺す農法ではないので、寺の敷地内にある店としてふさわしく、地元の奥様方の温かいおもてなしもあって、午後1時にはざるそばが売り切れるなど、評判をいただいております。

ここで働く奥様方には、

「この妙成寺は江戸時代に寿福院の帰依《きえ》により隆盛を極めました。皆さんも平成の寿福院になって、もっと盛り上げてください。だからこの店も名前をお借りして『寿福』と名づけましょう」

とお伝えし、店の名前を「寺の駅　寿福」としました。

平成28（２０１６）年6月には女優の紺野美沙子《こんのみさこ》さんをお招きして朗読会を開きました。紺野さんをテレビで見たときに、寿福院のイメージが浮かんだんです。会場の客殿には１００人を超える人が訪れて大盛況で、「さがりばな」という命の大切さをテーマにした紺野さんオリジナルの物語はとても心に染みいるものでした。紺野さんはまた、「羽咋にはおいしいお米につられてきました」とおっしゃってくれました。

これからも妙成寺では国宝化に向けた学術的調査のほかに、仏教文化講座などの人を集めるイベントも定期的に開催していきたいと思っています。

一方で平成33（２０２１）年には日蓮聖人のご生誕８００年祭も控えています。

ここではちょっと面白いことをやります。

日蓮聖人が生まれたのは千葉県鴨川《かもがわ》市の小湊《こみなと》なんですが、ご生誕の場所が津波と地殻変動の影響で10ｍくらい水没しているんですよ。近くの漁師に聞くと、海女《あま》さんたちが素潜りしたときに、井戸の跡を見たというんです。おそらく遺構、遺跡があるはずなんですね。初期には日蓮聖人がお生まれになったご自宅に伽藍《がらん》を造ったのだから。そこがどこなのか？　それをご生誕８００年の記念事業で、場所を特定しようと思っているんです。合成開口レーダーや音波による水中探査で調べたり、「ポケモンＧＯ」ですっかりおなじみになったＡＲ（拡張現実）を使って柱の間は何間《けん》、高さは何メートルというのをＣＧで再現させる。水没したところにカメラを向けるとさーっと伽藍が出て来て、「ここにあったんだ！」というのを復元したいんですよ。

これ、絶対面白いと思います。

８００年間隠されたものが出て来たということに、なんか因縁を感じるんですよ。

「おまえ、発見しなさい」

ということなのかなと。そういう役目があるのかなと思ったんです。

ベトナムにも自然栽培の拠点を作る計画を閣僚関係者たちと進めています。現地で栽培指導をして、「この技術は日本人が教えてくれた」と、野菜や果物、穀物を喜んで食べていただけたら嬉しいし、「もっと学びたかったら、ぜひ本家本元の日本に来てください」と言えるまでになれたらと思います。

ベトナムに自然栽培が根づき、周辺各国へ広まっていけば、アジアの農業は変わっていきます。アジアが変わればヨーロッパが変わる。そうしたらアメリカも変わらざるを

得なくなります。すると「自然栽培を体系化したのはだれなんだ」という話になるので、そのときに、

「作ったのは日本人です。それで〝ジャポニック〟と呼んでいます」

と。日本のいいイメージが世界中で広まれば、

「自然栽培の本家本元の米を食べてみたい」

「日本人よ、本場の野菜を売ってくれ！」

となる。それが人間の心理じゃないですか。「バナナならやっぱりフィリピンだよね」って皆さんも思うでしょう？　そうなれば日本の農作物の輸出高は、劇的に増加すると思っているんですよ。

自然栽培の技術を日本だけで独占するのではなく、世界中に広める。一時は格安の類似品（粗悪品）が出て客を奪われることがあるかもしれないけど、最終的には本家本元に戻ってくるように持っていけば国益につながるはずです。

自然栽培には国境はないですよ。植物に国境はないのと同じです。

2. お互いがお互いに望むこと

木村

技術は私が教える。高野さんには自然栽培の心を伝えてほしいの

高野さんとの出会いは7年前になります。

弘前までわざわざ来てくれて、講演もいいけど、それよりも実際に田んぼで指導してほしいと頼まれました。感動よりも行動が大切だとな。

それで羽咋市に自然栽培実践塾を作って、指導に行くようになったわけですよ。

ここ数年は二人で講演に招かれることも何度かあります。

高野さんに望むことは、自然栽培の技術は私が教えるから、その心を普及してほしいということです。高野さんは僧侶でもあるから、檀家の人たちに話をするように、とてもわかりやすい言葉でメッセージを伝えられる。それで皆さん、真剣に聞くのよ。話の上手な高野さんの後に講演するとなると、どうやって話をしたらいいかわからなくなってな（笑）。

高野さんには人間がこの地球から命と恵みをいただいているありがたみを多くの人に説法してほしい。「ありがとう」という感謝の言葉やその意味も忘れている人が、今は多いんじゃないかなと思うから。

自分の体からは、お米一粒できないわけ。リンゴ1個も実らせることができないわけだ。それを実らせているのはイネであり、リンゴの木なわけだよ。そういう自然に人間の生活が支えられていることを農家の人たちは忘れてはいけないし、野菜や果物を買って食べる消費者の皆さんも、作物は農家の人たちの日々の努力がいっぱいつまったものだということを忘れないでほしい。

これまでの近代西洋流の農業は、人間の思い通りに環境を変え、農作物を育てるというものでした。でも、それは人間の傲慢《ごうまん》以外のなにものでもないの。高野さんなら、そういうことを上手に伝えられると思うのな。そうすれば農業ルネサンスも加速していくと思います。

農薬や化学肥料による地球環境の悪化を止めるのは、日本人の出番だと思っているわけです。日本人はよ、もの作りにかけては世界一の人種だと思うのな。指に目があるんじゃないかと言われるほど器用な民族ですから、これを食部門で活かしてほしいなと思います。必ずできる。

日本は世界の経済大国だから、もっと世界を正しい方向に引っ張っていかないといけない。私が提唱する新しい農業は正しいかどうかわからないけれども、これまでにない、人にも環境にもやさしい農業ということで世界をリードしていってほしいんですよ。それは日本人だからできると思うの。

その心を多くの人に伝えるために、高野さんにはこれからも協力していただきたいと思っています。

高野

木村さんにはとても深い人格を感じます。本当にただ者ではない。リンゴ農家の皮をかぶった「怪物」のようだと……

三流は、相手の持ち物や肩書で相手を判断して羨《うらや》ましく思う。

二流は、肩書や持ち物を持ちたがる。

一流は、肩書も何もないが、目に見えない理念・哲学によって人を引きつける。

木村さんは「肩書」はありませんが、自然から学んだ生き方、考え方、哲学を聞くたびに、とても深い「人格」を感じます。

超一流の人なのだと会うたびに感動します。

本当にただ者ではない。リンゴ農家の皮をかぶった「怪物」のようだと……。

木村さんは自然栽培のリンゴを作っていたときに、目に見えないもの、土の中の微生物の存在を知った。木村さんが投げかけたものは、目に見えない世界の重要性ですよ。

地面の下や土の中は、ふつう見てない。それまではただの砂や石の塊だと思っていた。

でも土壌4000㎡に2トンという微生物がいる理由とはなにか？

微生物にも役割がある。それをはじめて解き明かしてくれたんです。目に見えない世界のほうが大事なんだと。

これまでの学問は目に見えるものを対象に発展してきましたが、自然栽培は目に見えない生物の多様性を扱っている。そこに新しい学問の魅力を感じるんです。インヴィジブル・バイオ・ダイヴァーシティー。これ、とんでもない学問を生み出すと思います。立正大学の自然栽培学科が実現したときには重要な柱になるでしょう。

目に見えないと言えば、冒頭でも書いたように木村さんは目に見えるような肩書はないけれど人が集まってきます。きっと心が温かいのでしょうね。心が冷たい人のところには人は近寄りません。

人間も、目に見えないところに本質があるのだと思います。

私は、先祖代々560年続く日蓮宗の僧侶（41代目）ですから、土の中にいる微生物のことを考えると、「山川《さんせん》草木《そうもく》悉有《しつう》仏性《ぶっしょう》」という仏教思想を身近に感じることができるんです。生きとし生けるもの、どんなに悪いような昆虫や動物であっても、実は生まれてくる理由はちゃんとあるし、存在意義があるんだという教えです。

たしかに自然栽培をやっている田畑は雑草だらけです。

そして多くの農家は何十年もの間、雑草が虫や害虫の温床になっていると刷りこまれてきた。だから雑草が生えると害虫が増えてイネの生育を妨げる、品質を悪くすると思ってしまう。それで除草剤・農薬を使って雑草と害虫を駆除するんです。悪いやつがいると全部排除しろ、殺してしまえという発想です。

でも自然栽培は害虫も生態系の一つという見方です。

概念として、地球上に存在するものの中には不要なものがあるという考え方ではなくて、すべてが必要なものだから不要なものはないという考え方なんです。

農薬や化学肥料を使った慣行栽培をやる人たちは、たとえばイネを育てると地面から肥料を吸い上げる、吸い取るって言うんですよ。それで足りなくなるから加える。プラスとマイナスの世界が地面の中だと思っている。

でも土の中はものすごい複雑系で、そんな単純な足し算、引き算ではないんです。地面の中では微生物が互いに助け合っているんですよ。なのに奪い合っていると勘違いしている。

自然栽培は、中世ヨーロッパの地動説のような価値観の大転換なんですね。それまで太陽が地球の周りを回っていると信じられていたところを「いや、太陽の周りを俺たちが回っていたんだ」と説いた人は、火あぶりになったんですよ。けれどその人は正しかった。

自然栽培もそうで、何もまかなくても農作物はできるんです。これは地動説や地球は平らではなくて、実は丸いんだよと言っているのと同じなんですよ。このことを多くの農家に納得してもらえるようにしないといけないですね。

そのためには木村さんの力がまだまだ必要なんです。

3.
相手の喜ぶ顔が見たいから頑張れる

木村

人が喜ぶこと、地球が喜ぶことを見つけてさ、行動してみたらいいんじゃないかなぁと思うの

肥料、農薬、除草剤まみれでいいとする今の農業の常識を変えるのは大変なことです。農家の価値観や栽培技術はもちろんのこと、販売や流通の仕組みまで変えていかなくてはいけない。けれどあきらめてはいけないんです。一歩一歩皆さんで歩いていけばいい。

川は上流は細くてちょろちょろ水が流れているけれど、下流に行くほど広がっていくわけです。葉脈に似ていると思いませんか？　人間が生きるときも葉脈のように生きればいいわけです。今は少人数でも少しずつ自然栽培の仲間が増えていけばいい。仲間を増やすと言えば、以前、少年院で農業指導をしたことがありました。12歳以上16歳未満の子どもたちがいる初等少年院です。

少年院では子どもたちに革加工品などを作らせているけれど、今はあまり売れないそうです。少年院を出ると自動車の修理工場で働くことを希望する子どもたちが多いけれど、彼らを受け入れるところがあまりないし、工場に行ったら行ったで周囲の冷たい目で、1ヵ月もてばいいほうだって。

けれど農業は基本的に個人経営です。ならば農業をやってみるのはどうかと院長さんが思いついて、私に声がかかったんですよ。

で、私、だれも失敗しないミニトマトをやってもらったんです。ところが、

「なんでこんな汚い仕事をするんだ」

と嫌がるわけです。土をいじると軍手が土で真っ黒くなる。自動車整備のほうが、オイルでまみれてよっぽど手が汚れますが、土のほうを汚いと思うわけです。少年少女た

ちの不機嫌な顔、しらけきった顔を見て、やれやれと思いました。

また、彼らは日記を書かなくてはいけません。長い日記を書く子もいるし、短いのを書く子もいる。で、長いのを書くのは女の子が多く、たいていは不平不満を書いているわけです。「なんでこんな百姓仕事をしなくちゃいけないんだ」と。

2度目に行ったときも険悪なままでした。

ところが回を重ねてトマトに芽が出るころから、子どもたちに変化が出て来ました。

そして葉っぱに虫がつくようになったら、

「なぜ虫が来るんだ」

「虫が私のトマトの葉っぱを食べている。来ないでほしい」

と、トマトへの愛情が芽生えだしてきたんです。と同時に、

「自分は社会の〝害虫〟だったかもしれない」

と、過去の出来事を反省する子どもも出てきた。

そうやって心境が変化していくと、子どもたちが軍手をはずして素手で土をいじるようになります。手は真っ黒で、爪にも土が入っているけど、もうそれも気にならないようになっているんです。

彼らには肥料や農薬を使ったら簡単にトマトはできるけど、それには頼らないでトマトの持っている力を信じてなにも与えずに育てなさいと何度も言いました。子どもたちも一生懸命トマトを観察し続けていました。

やがてトマトが実りました。

するとお互いが出来具合を競争するんです。

「俺のトマトのほうが大きくておいしそうだ」

「私が愛情をかけて育てたのだからおいしいに決まっている」

と満面の笑みを浮かべながら。そうなると、次に出てくる言葉は、

「お父さん、お母さん、ごめんなさい」

なんです。喜びを知ったから痛みがわかってきたんだな。

だから農作業は、非行に走った人のためにもなるんです。

初等少年院は16歳で卒業しないといけません。出なきゃいけない。そこである医者が男の子と女の子を引き受けて畑を貸しました。きちんと見守りもして。

彼らはやがて結婚して、その医者は二人に畑をプレゼントしたんです。

今もまじめに農業に取り組んでいると聞いています。

高野

これまで本当に楽しいこと、好きなことをやってきただけなんですよ。だから続けられた

嫌なことはやりたくないですよ。私はそれが嫌なことだったとしても楽しいことに中身をすりかえちゃうんです。ああ、今日は足が重たい。会社に行きたくないというのは嫌じゃないですか。けれど楽しいことを作ると、今日も行こう！　ってワクワクする。足も軽くなる。

その楽しみ感、ワクワク感をどこかに仕掛けておくんですよ。

そういう意味で私は、これまで本当に楽しいこと、好きなことをやってきただけなんですよ。だから続けてこられた。

地方創生のおもしろいところは、だれでも主役になれるということです。役所や国がすることを期待するよりも、気づいた人が自ら動けばいい。よいことをしようとするときには「理由書」や「決裁文書」は必要ないと思っています。

自分が携わっている仕事では、

「この蓋をあけるとみんな驚くぞ」

というびっくり箱を用意しちゃう。

たとえば妙成寺を調査する委員会に、ある人を呼んじゃおうと思っています。この人を委員長にすると、誰も文句言えないぞ、誰も無視できないだろうというような。あるビッグスターを呼んで境内でコンサートをする計画も同時に進めています。どちらもここで人物名を挙げられないのが残念ですが、やっちゃえ! と(笑)。

このように相手が驚いたり、面白がったり、喜んでくれたら勝ちだと思うわけですよ。嬉しがれば交渉はうまくいくんです。嫌なことを相手に押しつけるのではなくて、相手が喜ぶことを提供するんですね。

そういう想像力が今の若い人たちには足りないような気がします。

4. これからの自然栽培

木村

農村文化を守るのも、これからのＪＡの役割だと思います

皆さん、今、ポケットに入っているのはなんですか？
「スマートフォン」の人が多いのではないですか？
そのスマートフォン、マークはなにがついていますか？
リンゴの人が多いでしょう。

ニュートンが万有引力を発見したきっかけはなんですか？

リンゴですよ。

アダムとイブが食べてしまったものは？

これもリンゴですよ。

ビートルズ。

これはアップル・レコードですね。

リンゴが歴史に登場したときに、必ず時代に変化が起きるんです。だから「奇跡のリンゴ」と呼ばれるリンゴが登場したので、新しい食の幕開けとなるのではないかと思っているんです。

――これは私の講演の冒頭でよく言う話です。

第2章の「巨大組織のＪＡとどう闘うか」で、「第二の農協のようなものがあれば」と書きましたが、ＪＡを改革できたら日本の農業は本当によくなると思います。

ＪＡは毛細血管のように日本各地に行き渡っていますが、たいていのところは中央からの指示で動いています。けれど上が決めたことに従うのではなく、地域地域のＪＡが独立して、独自の取り組みができるようになれば、すごく地域の発展につながるのではないかなぁと思うわけです。

今、農村の崩壊が問題になっていますが、私は農村文化の崩壊だと思っています。都会に出た人が地方に戻ると昔の面影がなくなっていたとよく聞きます。たとえば村の祭りなどはどんどんなくなっている。地域産業だけではなく、村の行事を守るようなこともこれからのＪＡの役目だと思っているわけです。

私は47都道府県をすべて回りました。以前、京都の舞鶴《まいづる》から車で2時間ほど走った山間の村では、いちばん若い人が72歳でした。話を聞いてみたら、「都会は好かん。お金は入ってこないけど、ここのほうが山の幸がいっぱいあって、いちばんいい」と。

近くの宮津《みやづ》市にあった飯尾《いいお》醸造は１００年以上続く酢の老舗で、ここは地元の自然栽培の米農家をとても支援していて、通常よりもかなりの高値で米を買い取り、その米で酢を造っています。私のリンゴやそのほかにもイチジクの酢なども造り、フランスに輸出しているものもあります。

このように地域の農家を支えながら特産物を世に広める手伝いもＪＡがやるべきではないのかと思います。

だからＪＡも中央の決めたことを公務員のように頑《かたく》なに守るだけではなく、地域地域の特色を大事にする取り組みが必要です。

それが第二の農協。そのためには農業ルネサンスが必要だとな。

ふり返ってみたら日本発のルネサンスはなにもありません。日本人は頭もよく手先も器用。だから猿まねばかりするのではなく、世界に向けた発信をしたほうがいいのではないかと思うわけです。

石川県の羽咋市は、高野さんがＪＡと市を一つにまとめて、今でも機能し続けているのがすばらしいと思います。なによりみんな一生懸命なの。一つの目標に向かって活動していく町の新しい形だと思います。高野さんがローマ教皇にお米を届けるとか奇抜なアイディアで推進しましたが、相当な苦労があったと思います。最初に何かをやるとみんなから反感を買う。地動説を主張したガリレオ・ガリレイも有罪になりましたが、ローマ教皇が公式に認めたのはつい最近の２００８年だよ。

私もこの栽培を始めたときは、世間から見たら常識はずれで邪道なわけよ。だから地元の弘前では、アンチ木村が多かったわけです。それを打破したのが今年(２０１６年)弘前で発生したリンゴの黒星病《くろほしびょう》だと思います。

今年の春は日照不足に濃霧、霧雨が続くなど異常気象に見舞われました。私はそれがひどくなる前に酢を散布していたので被害は少なかったけど、慣行栽培の農家は雪解けの後で土がぬかるんでいたために、農薬を散布する機械が埋もれてしまうので動かせなかった。私の場合は手作業での散布だから作業服が汚れるだけで済んだわけです。

彼らはその1週間後に農薬散布したけれど、もうダメでした。ＪＡはラジオで徹底的に農薬を散布してくださいと流したけど、最初の防除が遅れたために、リンゴはゴマおにぎりみたいな黒いぽつぽつができる黒星病にかかってしまった。そうなると出荷はできません。

そして6月末に私の畑にはじめてＪＡが視察に来たんです。農薬のかわりに酢しかかけていないのに、黒星病にかかってないのが信じられないと。

この栽培を始めて三十何年になるけど、やっとＪＡが来て、しっかり見てくれました。だからこれから先は、農薬過信説がだんだん崩れていくんではないのかな。

ここ3年で多くの人の意識が確実に変わりはじめている実感があります。なにを変えていいのかわからないけれども、今のままではよくないなと。

講演会場では、以前は私が話をはじめると大げさな咳払《せきばら》いをして嫌がらせをする人がいたり、「そんな夢のような話をするな!」と罵声《ばせい》を浴びせる人もいましたが、今はもういません。本を売っても昔は売り切れることがなかったのに、今では100冊用意したら100冊なくなります。

政治家も選挙がないのに私の講演会に必ず顔を出すようになりました。前は、「みんなで環境保全のために取り組んでいこう」なんて言葉一つなかったのに、今では「付加価値の高いものをつけてTPPを超えていこう」とな。

高野

これからの自然栽培は、まず単価を下げることが求められるでしょうね

木村さんが書かれたように、ここ数年で自然栽培の広がりを感じるようになりました。でも、まだまだ足りません。

自然栽培の農産物を食べて体は軽くなって元気も出たけれど、ちょっと高くて……という人に日常的に買ってもらうためにも、まずは自然栽培をする農家を増やさなければいけない。農家の絶対数が増えれば価格も安くなっていきますから。米の耕作面積も日本全体でわずか0・002％しかないので、もっと増やしていかないと。

これからの自然栽培は、まず単価を下げることが求められるでしょうね。

木村さんがこの章の冒頭で北海道・十勝の折笠農場を紹介されましたが、折笠さんが土壌学や微生物学などの研究者とプロジェクトを組んで、農薬を使わなくても育つ病気に強い品種を作ったように、いろいろなやり方で自然栽培に取り組んでいる人たちのネットワーク作りをすることも急務だと思っています。

「農薬を使ってはいけない。肥料も使ってはいけない。じゃあ、どうすればいいんだ」と自然栽培に取り組もうと思っていても、なにから着手していいかわからない農家や、土壌から外部資材が抜けるのに時間がかかるために二の足を踏む生産者へのアドバイスができるようなシステムを作っていかないと。

木村さんが提唱している「自然栽培の食材をオリンピック・パラリンピックに!」の実現に向けて自然栽培の仲間たちと協力していきたいと思っていますが、オリンピックはゴールではありません。なにより大切なのは、オリンピックをきっかけに、さらに自然栽培を普及させること。安定した価格でスーパーやコンビニなどに継続して品物が並ぶことです。

以前、木村さんが奥さんとテレビを観ていたらＵＦＯの特番が始まって、するといきなり木村さんがテレビを指さして「あ、この子知ってるよ」と言ったそうです。以前、リンゴ畑にいたときにエイリアンか何者かに拉致されてＵＦＯに連れ込まれたときに会った白人の女性だと言うんです。するとテレビでその女性は「私がＵＦＯに乗せられたときに、めがねをかけた東洋人がいた」と語ったとか。木村さんはご存じのようにめがねをかけています。もちろん二人が口裏を合わせるなんてことはしていません。それ以来、会ってないし、名前すら知らないのだから。

それがなんと私が役人になる前、テレビの構成作家をしていたときに手がけた番組で、私が彼女にインタビューをしていたんです。私も彼女が言った「めがねをかけた東洋人」という言葉が妙に気になっていて、いつか会えたらと長年うっすらと思っていたんです。

そして自然栽培を始めることになって木村さんにお目にかかり、なにかのときにＵＦＯの話になり、木村さんの口からそれを聞いて、

「あ、めがねをかけた東洋人が、今、私の目の前にいる！」

と。鳥肌が立ったなんてものじゃなかったですよ。

自然栽培とＵＦＯをキーワードに結びつくのは世界の中で木村秋則と羽咋市しかないんですよ。木村さんを意識してＵＦＯ博物館のコスモアイル羽咋を作ったわけじゃないし、木村さんが始めたということで自然栽培に興味を持ったわけでもない。なのにその

いずれも木村さんが深く関わっている。ただならぬものを感じましたね。不思議でならない。

なんか操られているというか、ヒズ・ストーリーですね。だれかの思惑通りに物事が進んでいる。神の見えざる手じゃないけど、見えざるレールがある。そうやって人と人が巡り会っていくという。本当に不思議です。だから私は木村さんという人を証《あか》しする役目なのだろうと。それは私の使命なのかもしれません。

これからの世界を食材で変えていくすごい人が日本にいる!

私のことをスーパー公務員とか「ローマ法王に米を食べさせた男」とかナポレオンとか言って持ち上げる人がいますが、私はちっともすごくなんかないですよ。

私は木村さんの露払《つゆはら》いだと思っています。

5. 若者よ、地球のために立ち上がろう！

木村

今の社会はマニュアル社会だと言われるけどな、ところがこの栽培にはマニュアルがないわけよ。自分たちが考えて、さらに進歩した技術を探してほしいとな。そう思っているわけですよ

若い農家で、こんなことを言った人がいます。

「自然栽培は答えがないからおもしろい」

それを聞いて私は嬉しくなりました。パソコンをいじれば、ほとんどの答えが出てく

る時代に、自然栽培は手間がかかるものです。今の社会はマニュアル社会だと言われますが、ところがこの栽培にはマニュアルがない。自分たちが考えて、さらに進歩した技術を探してほしいと思っているわけです。岡山や羽咋では基本中の基本のマニュアルを用意しているけど、マニュアルはあくまでもマニュアルであって、この通りやりなさいというわけではないんです。

私はコンピューターが人間を使う時代が来るって前々から思っていました。日に日に進歩していくこの機械を見ていると、そのうち産業ロボットがどんどんどん登場することも予想できます。24時間労働ができる産業ロボットが登場したら、働き手が職を失います。人口が余ります。そうなると国の税収、どうするんですか？　そのなかでロボットができないことは、この栽培です。穫れた野菜の選別とか梱包《こんぽう》とか発送は機械ができるけど、生産は無理。人にしかできません。ハウス栽培なら別ですが、実際に試みたオランダのように、維持費がかかりすぎて、経営が思うようにならない。たとえばキュウリの収穫、ロボットがやる時代が来るかもわからないけれども、高い金をかけてロボットを導入するほど利益が出るかと言えば、出ないと思います。

人間が生きていくためにいちばん大事なものは、衣食住の中で「食」なわけです。だから若い人たちに、もう一度農業を楽しんでみませんかと。それを呼びかけたいな。

今までこの栽培、私がやった技術を皆さんに教えて歩いてきました。私一人で培った技術ですから、間違っていることは数多いと思うんです。大勢が取り組むことによって、もっともっと生産量も確保できる技術が必ず生まれてくるんではないかな、そんなふうに思っています。

「日本の食は有名です。けれど安全と言えるのですか？」

イタリアで一人の若者につめ寄られたことを本の冒頭に書きました。これほど情けないことはなかった。だから私は、日本の食材は問題外という海外からのクレームをなんとしてでもよ、打ち破りたいの。

日本にはこんなすばらしい食材があるんだよと発信したいわけです。

２０２０年の東京オリンピック・パラリンピックという大きな目標に向けて私は、これからも自然栽培という大きな旗を持って歩み続けていきたいと思います。

そういえばイタリアからルネサンスが始まったわけだよな。今度は、日本から世界に向けてルネサンスを興《おこ》していこうじゃありませんか。日本農業の再生です。

皆さん、やりましょう！

高野

還暦過ぎても頭はフル稼働しています。これからも日本のために動き回りますよ

最近の傾向として、北大や東工大を出たような高学歴の若者が農業をやっています。そういう若者たちが増えてきたことに希望の光を見ているんですよ。まだ芽はばーっと出てこないかもしれないけど、植わった種だと思っているんですよ。それが次から次に成長して、今後どう変わっていくのかという。これ、すごい楽しみにしてるんですよ。おそらく日本の農業は大きく変わるだろうと。

前にも書きましたが、面積は九州より大きい程度、人口は日本のおよそ8分の1のオランダに並ぶだけで輸出額が30倍も伸びる産業って農業しかないですよ。そうなっていくことによって「ジャポニックを学びたい、自然栽培を学びたい」というような希望を子どもたちにも与えることができればと思っています。

地域に希望を与えるのはリーダーの役目です。人に希望を与えなくてはいけないんですよ。最初はおかしいと思われても、正しいと思ったことは貫く。

私も羽咋市役所に正式に雇用されてすぐに町おこしのために「第1回宇宙とUFO国際シンポジウム」を開催しましたが、そのときに、

「あいつはおかしい！」「UFO？　そんなのいるわけないだろ。なにが町おこしだ」

と当時の市議会議員をはじめ、いろいろなところで非難されました。けれど当時の海部俊樹総理大臣から応援メッセージをいただくと、私を中傷した議員は、

「青少年に夢と希望を……」

と掌返《てのひらがえ》しをした。言ってることが違うだろうと（笑）。だから心の小さな田舎者は嫌いなんです。田舎は大好きですが。

おかげさまでいろいろな人とどんどん触れ合い、多くのネットワークが生まれました。みんなの力を合わせればいい方向に動いていくと思うんですよ。片田舎から始まって国が動くということを見届けていきたいです。地方、片田舎が動き始めて、市が動き始めて、県が動き、国が動き始める。地方からやれるという可能性を見せてみたいとい

つも思っています。閉塞感があって、こんなこと言っても国は聞いてくれないだろうとマイナス面しか捉えずに、やり方しだいでは国は動くんじゃないかと思うことです。とにかく自分が正しいと思ったことは、自分を信じてやるだけですよ。やる前からあきらめたり、他人に批判されたからやめると言ったりしてはいけません。

そう、可能性の無視は最大の悪策なのですから。

10年ごとにUFOで地域づくり、過疎集落からの脱却、自然栽培の普及に取り組んできましたが、次の10年は何を目指すかといえば、自然栽培の普及を加速させて国策にもって行く。これしかありません。

ジャポニックの国策化。

これ、やりますよ。自然栽培の国策化で農業輸出大国になり、食のリーディングカントリーとして世界を席巻できるんです!

還暦を過ぎて体力は少し落ちましたが、おかげさまで頭はフル稼働に耐えられます。アイディアも毎日毎日飛び出してくる。これからも日本のために日本人のために動き回りますよ。

まだまだ若造なんかに負けるもんか!

あとがき

1000km以上もひた走って、能登半島から木村先生に会いに行き、「先生の講演会を開催して多くの人を感動させたいのではなく、孫悟空のように小さな木村秋則を何人も日本に作りたいのです」

「木村先生は国の宝です」

「法華経というお経を読んだことありますか？」

などと矢継ぎ早に申し上げた記憶は、7年経っても私の脳裏からは消えていません。

木村秋則という人は日本の宝のような存在です。なぜなら農薬、肥料、除草剤を使わないで作物が穫れるというのは、これまでも岡田茂吉さん、福岡正信さんたちが主張していたことですが、奇跡のリンゴを創り出し体系化したのは、紛れもない木村秋則という名もない農家であると確信したからです。「木村秋則に私たちが農法を教えた」と主張する団体もありますが、だったら木村さんよりも先に「奇跡のリンゴ」を作っていてもいい。

この自然栽培という農法の英語での表記をJaponic（ジャポニック）としています。

岡田さんも福岡さんも木村さんも、皆同じ日本という国に生まれ、多くの人たちが健康で元気になれる食材を生み出したのが、この日本人であるからです。

農業の世界では、よく○○式という表現をしますが、これではあまりにも小さすぎると考えています。互いがセクト主義となって「私たちのやり方が一番」と、後継者と称する人たちがセクト主義に陥りやすく、組織だけを守り、創設者の理念哲学を希薄化させ、偏狭で小さなものにしてしまう傾向があるからです。地球全体や全人類のためにある農法、日本人が編み出しのだからJaponicでいい。

私は木村先生が組織を作りたがらない理由をなんとなく肌で感じ取っています。人は組織で偉くなり栄達したいとかの名誉欲が絡むと、目に見えない心のベクトルがずれ始めます。お金儲けに走り、あいつは組織（自分）にとって邪魔者だと「害虫駆除思想」をとりはじめます。自然栽培は、昆虫や目に見えない微生物までも殺すことはしません。これは仏教思想と軌《き》を一《いつ》にします。

中世ヨーロッパのJ・ブルーノは、「太陽の周りを地球が回っている」と主張し、火《ひ》炙《あぶ》りになりました。木村秋則という人は「何も与えなくても作物は穫れる」と主張し、外部資材を投入しないで実践して見せてくれました。私は、当初疑って調査隊8名を一番弟子の岩手県遠野市の佐々木悦雄さんや佐々木正幸さんの畑に送り込みました。

今ではＪＡはくいが毎年４００名の自然栽培塾生を輩出し、市内の小中学校の学校給食にも自然栽培の食材を提供できるようになっています。このように、できないのではなく、どうしたらできるのかを考えて実践してほしいと願ってやみません。食料問題、医療問題、環境問題、様々な汚染問題、食の安心安全の問題、農業後継者不足……こうした諸問題の多くは、この自然栽培が解決してくれると確信しております。

今、世界の歴史を塗り替えようとしている木村秋則という日本人が存在している。これに気づき、一緒に話ができ、同じような行動ができるだけでも幸せであると感じています。

私は、木村秋則という人を証《あかし》する露払《つゆはら》いのような存在なのかもしれない。

本書を上梓するにあたり尽力いただいた構成者の出羽迪世さん、編集者の新井公之さん、灘家薫さんにお礼を申し上げます。

高野誠鮮

木村秋則（きむら・あきのり）

1949年、青森県弘前生まれ。木村興農社代表
高校卒業後、川崎市のメーカーに集団就職、1年半後に故郷に帰り、1971年から家業のリンゴ栽培を中心に農業に従事。農薬で家族が健康を害したことをきっかけに、無農薬、無肥料栽培を模索した。10年近い無収穫、無収入の苦難を乗り越えて成功。そのリンゴは「奇跡のリンゴ」と呼ばれた。
現在は、国内各地に留まらず世界各国で自然栽培の農業指導を行っている。

高野誠鮮（たかの・じょうせん）

1955年、石川県羽咋市生まれ。科学ジャーナリスト、日蓮宗妙法寺第四十一世住職、立正大学客員教授
テレビの企画構成作家として『11PM』『プレステージ』などを手がけた後、1984年に羽咋市役所臨時職員になり、NASAやロシア宇宙局から本物の帰還カプセル、ロケット等を買い付けて、宇宙科学博物館「コスモアイル羽咋」を造り、話題になる。1990年に正式に職員となり、2005年、農林水産課に勤務していた時に、過疎高齢化が問題となった同市神子原地区を、年間予算わずか60万円で立てなおすプロジェクトに着手。神子原米のブランド化とローマ法王への献上、Iターン若者の誘致、農家経営の直売所「神子の里」の開設による農家の高収入化などで4年後に“限界集落”からの脱却に成功させる。2011年より自然栽培米の実践にも着手。2016年4月から立正大学客員教授、新潟経営大学特別客員教授、妙成寺統括顧問、富山県氷見市の地方創生アドバイザーなどとしても活躍。著書に『ローマ法王に米を食べさせた男』（講談社+α新書）、『頭を下げない仕事術』（宝島社）。

日《にっ》本《ぽん》農《のう》業《ぎょう》再《さい》生《せい》論《ろん》

「自然栽培」革命で日本は世界一になる！

2016年12月13日　第1刷発行
2021年3月9日　第3刷発行

著者　木《き》村《むら》秋《あき》則《のり》　高《たか》野《の》誠《じょう》鮮《せん》

発行者　渡瀬昌彦

発行所　株式会社　講談社
〒112-8001
東京都文京区音羽2-12-21
電話　編集　03-5395-3522
　　　販売　03-5395-4415
　　　業務　03-5395-3615

印刷所　株式会社　新藤慶昌堂

製本所　株式会社　国宝社

ISBN978-4-06-220354-8